# Verhandlungs-tango

## Schritt für Schritt zu mehr Geld und Anerkennung

von

Claudia Kimich

C.H.BECK

**Zur Autorin:**

**Claudia Kimich**

Dipl. Informatikerin, ist freie Trainerin, systemischer Coach, Verhandlungsexpertin und Autorin. Ihre Themen sind Ziele, Gehalts-/Honorar- und Preisverhandlungen, Eigenmarketing, Bewerbung, Akquise mit Spaß, Kundenorientierung, Präsentation, Kommunikation und Konfliktmanagement. Eine ausführliche Autorinnenbeschreibung finden Sie am Ende des Buchs und im Internet unter www.kimich.de.

**www.beck.de**

ISBN 978-3-406-68110-3

© 2015 Verlag C.H. Beck oHG
Wilhelmstraße 9, 80801 München

Satz: Fotosatz Buck, Zweikirchener Str. 7, 84036 Kumhausen
Druck: Druckhaus Nomos, In den Lissen 12, 76547 Sinzheim
Umschlaggestaltung: Ralph Zimmermann – Bureau Parapluie
Bildnachweis: © Dario Lo Presti – fotolia.com

Gedruckt auf säurefreiem, alterungsbeständigem Papier
(hergestellt aus chlorfrei gebleichtem Zellstoff)

# So nutzen Sie dieses Buch

Um Ihnen das Lesen und Arbeiten mit diesem Buch zu erleichtern, hat die Autorin verschiedene Stilelemente verwendet, die Ihnen das schnellere Auffinden bestimmter Texte ermöglichen. So finden Sie die Tipps und Musterformulare sofort.

✔ Hier finden Sie Tipps, Aufzählungen und Checklisten.

ℹ So sind „Merksätze" gekennzeichnet.

🔍 Hier finden Sie Beispiele, die das Beschriebene plastisch erläutern und verständlich machen.

§ Hier finden Sie Definitionen, Rechtsnachweise oder Gesetzestexte.

◉ Die Zielscheibe kennzeichnet Zusammenfassungen und ein Fazit zum Kapitelende.

 Hier finden Sie Übungen und Muster zum selber Ausfüllen und Nachrechnen.

# Vorwort von Svenja Hofert

Hören wir einmal in eine Karriereberatung hinein:

- „Ich brauche kein Geld, mein Mann verdient doch."

- „So viel kann ich doch nicht fordern!"

- „Wenn ich so viel verlange, muss ich auch viel mehr leisten. Davor habe ich Angst."

- „Ich habe Angst, meinen Job zu verlieren, wenn ich zu viel Geld verlange."

Der Gender Pay Gap spricht für sich: Frauen und Geld, das ist eine unendliche Geschichte. Es ist auch eine Geschichte voller Missverständnisse. Gerade Frauen meinen nämlich, dass Gehaltsverhandlungen nur etwas für harte Knochen sind. Sie entschuldigen sich dafür, Geld zu verlangen, wenn sie es überhaupt tun. Sie denken auch eher als Männer, dass jemand, der so sehr an Geld interessiert ist, dass er in einer Verhandlung dafür kämpft, einen schlechten Charakter hat. Aber auch Männer haben Ihr Thema mit Geld und Wert – vielen fällt es genauso schwer wie Frauen, mehr zu fordern. So wird Verhandeln nicht zum Kampf, sondern zum Krampf.

Claudia Kimich entkrampft und deutet das Thema um. Aus dem Kampf wird ein Tanz. Aus verhärteten Fronten ein gemeinsames Austarieren und Vortasten. So bringt sie Witz und Lockerheit in ein sonst so steifes Thema. Durch das Bild des Tanzens erzeugt sie ein gutes Gefühl und schafft die Basis für einen spielerischeren Umgang. Eine Katastrophe, wenn man viel zu hoch greift? Nein, das ist keine

Katastrophe. Mit Humor wird daraus sogar ein richtiger Spaß ... Zum Tanzen gehören zwei, zum Verhandeln auch!

Männliche Gehalts- und Verhandlungscoaches nähern sich dem Thema oft bierernst. Sie sehen im Verhandlungspartner oft einen Gegner – und verschrecken damit mehr, als dass sie ermutigen. Claudia Kimich ermutigt. Charmant-provokant lässt sie die Leser und Leserinnen nicht aus der Verantwortung. So wird am Ende doch der eine oder andere viel mutigere Schritte wagen als anfangs gedacht.

*Svenja Hofert, Buchautorin, Bloggerin und*
*Inhaberin von Karriere & Entwicklung in Hamburg*

# Vorwort der Illustratorin Astrid Brunner

Wenn einer eine Reise tut, dann kann er was erleben. Auf einer Reise traf ich Claudia Kimich. Ich hätte mir damals, vor 20 Jahren in einem Bus Richtung Korsika, nie gedacht, dass Projekte wie „Um Geld verhandeln" und „Verhandlungstango" aus – oder besser gesagt – wegen dieser Freundschaft entstehen.

„Du, ich brauch übrigens noch Bilder fürs neue Buch!" So überraschte mich Claudia Kimich mit der Tatsache, dass ihr Verhandlungstango als Buch erscheinen wird. Der Aufforderung, das kreuzernste Thema des Verhandelns und den Begriff „Geld" zu den verständlich formulierten Inhalten und passenden Beispielen und Anekdoten zu bebildern, konnte und wollte ich natürlich nachkommen.

In diesem Buch erleben Sie also nicht nur den Tanz ums Geld in Textform, sondern auch als Geschichte im Bild.

Viel Spaß an beidem und gestalten Sie Ihre Verhandlungstänze und die Bilder in den strahlendsten Farben.

Herzlichst, Astrid Brunner

# Inhalt

# Darf ich bitten?!

Lassen Sie sich von mir in die Welt des Tanzens entführen. Diese Welt kennen Sie bestimmt aus eigener Erfahrung oder zumindest aus Erzählungen: sich trauen, einen Partner aufzufordern, eventuell einen Korb kriegen oder sogar verteilen, anderen auf die Füße treten, getreten werden, führen und führen lassen, gemeinsam im gleichen Rhythmus schwelgen und den Schlussapplaus erfolgreich und glücklich gemeinsam genießen.

*Verhandlungstango*

Erfahren Sie, wie Tanzen mit Um-Geld-Verhandeln zusammenhängt.

Beschäftigen Sie sich in diesem Buch mit Ihren Verhandlungstanzpartnern, den verschiedenen Verhandlungstänzen, unterschiedlichen Führungsstilen und dem Schlussapplaus. Freuen Sie sich über die Leichtigkeit und wenden Sie die daraus gewonnenen Ideen bei Ihrem nächsten Verhandlungstango an.

Stellen Sie sich vor, Sie „müssen" mal wieder um Geld verhandeln. Ist Ihnen schon drei Tage oder sogar zwei Wochen vorher schlecht? Oder nehmen Sie es ganz locker? Was passiert in Ihrem Kopf? Gruseln Sie sich? Malen Sie sich die schlimmsten Möglichkeiten in den schwärzesten Farben aus? Denken Sie: Naja, ich werde es schon überleben? Augen zu und durch. Diesmal lasse ich mich aber nicht über den Tisch ziehen! Dem werde ich es zeigen. Hoffentlich fallen mir die richtigen Worte ein. Wie schaffe ich es, mich nicht wieder runterhandeln zu lassen?

Nachdem Sie sich dieses Buch gekauft haben, liegt die Antwort vermutlich irgendwo zwischendrin und Verhandeln ist wahrscheinlich nicht Ihre Lieblingsbeschäftigung, oder?

Wie wäre es, wenn Sie das für Ihren nächsten Verhandlungstango einfach umdrehen und sich nur die besten, schönsten und buntesten Möglichkeiten ausmalen? Zukünftig könnten Ihre Gedanken so aussehen:

- Das wird ein gutes Gespräch, bei dem ich mich wohlfühle.

- Ich bekomme die mir zustehende Anerkennung – emotional und finanziell.

- Wir werden fair und mit einem Win-win-Ergebnis miteinander verhandeln.

- Meine Leistungen werden gesehen und wertgeschätzt.

Das wäre schön, oder? Oh, ich sehe ein leises Lächeln über Ihre Mundwinkel flitzen, das freut mich. Wenn Sie dieses Buch lesen, verspreche ich Ihnen, dieses Lächeln kommt immer wieder und manchmal werden Sie vielleicht sogar laut losprusten. Kein Mensch erwartet, dass Tanzen ohne Übung leicht und elegant aussieht. Im Gegenteil, spätestens seit „Let's Dance" weiß jeder, wie viel Training hinter dem „Übers-Parkett-Schweben" steckt. Wenn Sie das Buch also durcharbeiten, sich intensiv mit den Schritten Ihres nächsten Verhandlungstanzes beschäftigen, werden Sie Ihren eigenen Verhandlungsweg finden – und möglicherweise wird aus dem Schreckgespenst ein verlässlicher Begleiter auf Ihrem beruflichen Erfolgsweg, für den Stolpersteine und Behinderungen allenfalls eine Herausforderung darstellen.

Ich wünsche Ihnen viel Spaß beim Lesen und viel Erfolg beim Umsetzen!

## Sachdienliche Hinweise zur Nutzung dieses Buches – nur geschriebenes Denken ist konstruktives Denken!

Sie finden neben den Inhalten jede Menge echte, natürlich anonymisierte Beispiele meiner Klienten. Zusätzlich gibt es Interviews mit Experten, die Ihnen im jeweiligen Kapitel eine weitere Perspektive ermöglichen. Außerdem gibt es Übungen. Die Übungen helfen nur, wenn Sie sie auch wirklich machen. Sie wissen schon: Macht kommt von machen! Ich weiß, das ist hart. Sie schaffen das! Bei meinem ersten Buch vor fünf Jahren habe ich immer gesagt: Lesen können Sie es in einer Stunde, bearbeiten auch gerne vier Wochen lang. Entscheiden Sie selbst, wie viel Zeit, Schweiß, Tränen und vor allem Spaß Sie in sich und den Verhandlungstango investieren wollen. Los geht's.

„Nur geschriebenes Denken ist konstruktives Denken" steht auf dem Spiralblock, den ich in Workshops und Coachings zum Mitschreiben verteile. Wissen Sie, welche Reaktionen ich bekomme? Von „Mensch, so habe ich das noch gar nicht gesehen" über „Ach was, ich bin total klar im Kopf" und „Ui, damit kann ich mein Gedankenkarussell endlich anhalten" bis zu „Ja, ich weiß, ich mach das bestimmt …". Ich habe viel gelacht und gelernt, seit meine Kunden diese Blöcke nutzen.

Aufzuschreiben, was Ihnen durch den Kopf geht, hilft auch gegen das erwähnte Gedankenkarussell. Ken-

*„Nur geschriebenes Denken ist konstruktives Denken"*

nen Sie das? Während Sie sich auf etwas Bestimmtes konzentrieren wollen, in einer wichtigen Besprechung sitzen oder Feierabend haben, fangen Ihre Gedanken an durch Ihren Kopf zu kreisen. Sie wollen an etwas ganz anderes denken, aber Ihre Hirnwindungen scheinen ein ziemliches Eigenleben zu entwickeln. Oft kommen Ihnen die immer gleichen, manchmal fast marternden Gedanken wieder und wieder und wieder, werden immer detaillierter und heftiger und es scheint kein Ausstieg möglich. Im Gegenteil: Es wird von Sekunde zu Sekunde schlimmer und auswegloser. Die Lösung ist komplett außer Reichweite.

Ich habe festgestellt, dass sich dieses Gedankenkarussell beim Verhandlungstango besonders intensiv und schnell dreht. Ich sage dann manchmal: „Wenn ich Ihr Karussell im Kopf hätte, würde es mir auch schlecht werden." Das Bewusst-Werden und Darüber-lachen-Können hilft oft schon. Wir unterstellen etwas und malen uns Bilder darüber aus, was alles passieren kann, dass es nur so scheppert. Leider ist das meistens die negativ(st)e Variante. Oder haben Sie sich schon mal vorgestellt, dass bei der Verhandlung alles glattgeht und Sie sogar mehr bekommen, als Sie gefordert haben? Nein? Na, dann probieren Sie diese Variante einmal bewusst aus! Formulieren Sie das positivste Ergebnis, das Ihnen einfällt, schreiben Sie es auf und warten Sie, was passiert …

✔ ## Mein Tipp für den Weg aus Ihrem Gedankenkarussell in sechs Schritten

1. Besorgen Sie sich am besten jetzt eine Kladde, ein Notizbuch. Wählen Sie Größe, Form und Farbe so, dass Sie gern hineinschreiben.

2. Legen Sie Stift und Kladde bereit oder tragen Sie beide mit sich.

3. Machen Sie sich darin während des Lesens dieses Buches Notizen. Malen und schreiben Sie Ihre Gedanken, Erkenntnisse und Übungsergebnisse hinein.

4. Der Sinn Ihrer Kladde ist es, dass Sie über alle Übungen den Überblick behalten und sie jederzeit weiterbearbeiten können.

5. Schreiben Sie sich, wenn das Gedankenkarussell beginnt, Ihre Gedanken aus dem Kopf heraus. Das darf ruhig ungefiltert und durcheinander sein.

6. Machen Sie anschließend die Kladde ganz bewusst zu, um Ihrem Gehirn zu signalisieren, dass es jetzt an etwas anderes denken kann.

### Zusatztipp zur Weiterverarbeitung

Schreiben Sie im ersten Schritt nur auf die linke Seite der Kladde, dann haben Sie beim erneuten Durchlesen Ihrer Notizen die rechte Seite für Kommentare frei und können so Ihre Gedanken, Ideen usw. verarbeiten, zusammenfassen, ergänzen und erweitern. So finden die Ergebnisse, an denen Ihr Unterbewusstsein automatisch weiterarbeitet – auch wenn Sie gerade nicht lesen – ihren Platz und helfen Ihnen Schritt für Schritt zu mehr Geld und Anerkennung. Ich freue mich natürlich besonders, wenn Sie sogar ein bisschen Spaß beim Bearbeiten und – noch besser – danach beim Verhandeln haben.

## Übung macht den Meister!

Machen wir einen kurzen Schwenk in Ihre früheste Kindheit: Was glauben Sie, wie oft haben Sie sich auf Ihre Windel gesetzt, bevor Sie sicher und dauerhaft auf zwei Beinen gelaufen sind? 100-mal, 1.000-mal, 10.000-mal? Ja, genau, so ist es! Ein Kind landet durchschnittlich 10.000-mal auf dem Po, bevor das mit der aufrechten Fortbewegung gut klappt.

Aufs Tanzen bezogen stellt sich jetzt die Frage: Wie lang trainiert ein Paar, bis es das erste Turnier bestreiten oder zumindest auf dem Ball elegant und gekonnt über die Tanzfläche schweben kann? Ich selbst habe drei Jahre Tanzschule, diverse Showformationen und acht Monate intensives Turniertraining dafür gebraucht. Meine Rollstuhltanzformation hat die neue Choreografie über 300 Stunden lang bis zum ersten Fernsehauftritt trainiert. Wie viele Stunden Training Sie brauchen, hängt natürlich auch vom Talent ab – ohne Training hilft allerdings auch das Talent nichts.

„Im Leben muss man eben oft, wie beim Tango, auch mal zwei Schritte nach hinten machen, um dann einen nach vorne zu tun." (Daniel Goeudevert)

Jetzt schauen Sie im dritten Schritt auf das Thema Verhandlung und auf den Übungsfaktor 10.000. Könnte es sein, dass Ihnen noch 9.995 Übungseinheiten fehlen? Sie sehen so ein bisschen ertappt aus. Genau, das Üben macht es aus! Macht den Erfolg überhaupt erst möglich! Gönnen Sie sich die Übung: Kein Sportler würde untrainiert zu Olympia fahren. Sie wollen doch mindestens Olympiasieger im Verhandeln werden, oder? Trainieren Sie den Verhandlungstango, bis er Ihnen aus den Ohren wieder herauskommt! Dann können Sie die vielen Unbekannten, wie z. B. verschiedene Tanzpartner und Tänze einordnen, gewinnen Sicherheit und können entsprechend reagieren. Dann schweben Sie im richtigen Rhythmus erfolgreich über das Verhandlungsparkett.

## Der Tango – Leidenschaft, Machtspiel oder gut geplante Schrittfolge?

*„It takes two to tango." Ich finde, dieser Satz trifft den Nagel auf den Kopf. Es gehören immer zwei dazu, sowohl beim Tanzen als auch beim Verhandeln. Das Schöne beim Tango ist, dass Mann und Frau wie bei keinem anderen Tanz nahezu gleichberechtigt sind. Das bedeu-*

tet: Führen und Folgen bedingen sich und sind ohneeinander nicht möglich. Da das bei der „idealen" Verhandlung genauso sein sollte, hat es der Tango – nach Prüfung vieler anderer Tänze – in meinen Buchtitel geschafft. Der Tango ist ein Spiel zwischen Macht und Hingabe, Anziehung und Wegstoßen, Hass und Liebe, Druck und Gegendruck, Spannung und Entspannung, Erotik und kühler Schulter bis hin zu Gewinn und Verlust. Kein Wunder, dass der Tango sogar bei Nichttänzern diese Berühmtheit erlangt hat.

 **Tango**

*Die ursprüngliche Variante des Tangos gibt es seit dem 18. Jahrhundert. Er entstand in Argentinien, das als Einwanderungsland einer Vielzahl europäischer und afrikanischer Musikstile ausgesetzt war und diese zum Tango gleichsam zusammenfügte. Bis zur Verbreitung in Europa, vor allem in Paris in der Zeit vor dem Ersten Weltkrieg, war der Tango hauptsächlich ein Tanz der sozial schwachen Einwanderer. Er wurde jedoch nach dem Erfolg in Europa rasch von der argentinischen Mittel- und Oberschicht übernommen. Aus dieser Zeit hat sich der europäische Tango, wie er heute in Tanzschulen gelehrt wird, entwickelt – hier sind die Tanzelemente und Figuren festgelegt. Der Tango Argentino besteht dagegen hauptsächlich aus geführter Improvisation und Leidenschaft.*

An der Definition sehen wir, dass beim getanzten Tango beides – Schrittfolgen bzw. Figuren und Improvisation mit Leidenschaft – nicht nur möglich, sondern sogar gleich wichtig ist. Die Schritte sind die Basis. Doch selbst wenn die Schritte perfekt sind, wird der Tango ohne Leidenschaft, Taktgefühl und Rhythmus extrem langweilig und weder für das tanzende Paar noch für eventuelle Zuschauer interessant. Für die Dame reichen oft Grundkenntnisse, wenn sie sich im Gegenzug gut führen lässt. Sich führen lassen bzw. folgen hat jede Menge mit Vertrauen und Kontrolle loslassen zu tun.

Ich sehe mich oft erstaunten männlichen Gesichtern gegenüber, wenn ich mit ihnen tanze: „Du lässt dich ja total gut führen," sagen die dann und können es gar nicht glauben. Wenn ich nachfrage, warum sie so erstaunt darüber sind, bekomme ich zu hören: „Du bist sonst so taff!" Und das, meine Damen und Herren, ist kein Widerspruch! Zugegeben, wenn ich gerade unterrichtet habe, dann brauche ich ein paar Sekunden, um von der Trainer-Führungsrolle auf die führbare Tänzerin umzuschalten. Ich kann stark sein und mich trotzdem oder sogar gerade deswegen gut führen lassen und dann auch wieder die Führung übernehmen. Beides hat die gleiche Bedeutung. Ich kann z. B. im Machtspiel vermeintlich nachgeben und trotzdem die Oberhand behalten. Entscheiden Sie bewusst, ob und wann Sie führen oder folgen. Warum das so wichtig ist, erfahren Sie im Interview mit Veronika von Heise-Rotenburg.

**Expertentipps im Interview**

Es folgt das erste von sechs Interviews, in denen ich mit Expertinnen zum Thema des jeweiligen Kapitels spreche. Genießen Sie diesen Perspektivenwechsel beim Lesen oder hören Sie sich das Interview gerne auch als Podcast an.[1]

## Exkurs: Interview mit Veronika von Heise-Rotenburg, Tangotänzerin und -lehrerin

Veronika von Heise-Rotenburg ist beruflich eine Art Zwitter: Zum einen arbeitet sie in der Bankenwelt, in der Leitung einer Zweigstelle, zum anderen ist sie mit Herz und Seele Tangotänzerin und Tangotanzlehrerin. Damit ist sie natürlich genau die Richtige, um mit mir über den Tango – Leidenschaft, Machtspiel oder gut geplante Schrittfolgen – zu sprechen. Ich bin sehr gespannt, was sie uns dazu zu sagen hat.

**C. K.:** Ich selbst komme aus der Latein-Turnier-Tanzszene. Als ich das erste Mal auf einer Tangotanzparty war, kam ich mit dem argentinischen Tango schon zurecht und auch wieder nicht. Hast du eine Erklärung dafür?

**V. v. H.-R.:** Der argentinische Tango ist im Unterschied zum europäischen Tango oder dem Tanzschultango ein Improvisationstanz. Das heißt, er basiert auf den Prinzipien von Führen und Folgen. Der Führende gibt Bewegungen, Richtung und Rhythmus vor. Der Folgende greift dies auf. Im europäischen Tango, der domestizierter und klarer geregelt ist, gibt es eben doch die ein oder andere fixe Figur, die man bereits gelernt hat und auf die man sich dann beiderseits verständigt.

**C. K.:** Tango habe ich nur in der Tanzschule getanzt. Heißt das, ich war da bei der Tangoparty vielleicht zu sehr auf meine Figuren fixiert? Bei den ganzen Schnörkeln mit den Füßen bin ich nämlich leicht ausgestiegen.

---

[1] Siehe „Downloads" unter www.verhandlungstango.de

**V. v. H.-R.:** Genau, das ist gerade das, was die Frauen als Verzierung ab und zu im richtigen Moment einwerfen.

**C. K.:** Wie sieht das jetzt aus? Wie viele Schritte muss ich denn für diese Improvisation können? Oder muss ich überhaupt welche können?

**V. v. H.-R.:** Prinzipiell kann man, gerade wenn man Tanzerfahrung hat – sei es von Standard, Latein, aber auch vom Ballett oder Jazzdance –, sich gut von einem erfahrenen Führenden führen lassen. Es ist aber so, dass dieses Spiel Druck und Gegendruck benötigt. Das heißt mit anderen Worten, auch wenn jemand sehr, sehr gut führt, muss er erspüren können, wo der Folgende gerade steht oder wo er ihn hinbewegen kann. Schwierig wird es, wenn der Folgende einfach keinen Druck aufbaut, weil er sich nicht führen lassen will oder gleich zurückweicht, dann wird der Tanz nicht gelingen.

Gerade die neuere Tanzpädagogik sagt, Führen und Folgen sind eben zwei Rollen, die gleich wichtig sind, die die gleiche Bedeutung haben. Es ist also nicht so, dass nur der Führende vorgibt, wo es langgeht. Vielmehr hat der Folgende einen ganz aktiven Part im Tanz und soll auch wesentlich zum Gelingen und zur Interpretation der Musik beitragen.

**C. K.:** Na, das ist doch mal eine ganz coole Sache. Vor allem, wenn wir damit jetzt auf das Verhandeln umschwenken. Beim Tanzen sage ich immer zu den Mädels „Wenn ihr so einen Kaugummiarm habt, dann werdet ihr nie eine Drehung stehen. Weil wie – zur Hölle – soll euch der Mann führen?"

**V. v. H.-R.:** Genau. Kaugummiarm oder keine Spannung in der Bauchmuskulatur, wie es bei uns heißt, das ist genau das Gleiche. Man wird damit für den Tanzpartner nicht einschätzbar, er hat keine Möglichkeit mehr anzufassen und uns in eine Richtung zu bewegen, sondern steht einfach einem Nichts gegenüber.

**C. K.:** Damit haben wir jetzt auch die Kurve zum Verhandlungstango und der tatsächlichen Verhandlung. Weil, liebe Leserinnen und Leser, wenn Sie einen auf Häschen in der Grube machen und die Ohren anlegen, anstatt dagegen zu halten, dann funktioniert das alles nicht. Das heißt, ihr braucht eure geplanten Schrittfolgen, Ihr müsst wissen, wo ihr eure Füße hinbewegt, aber ihr müsst euch auch auf das Machtspiel einlassen. Mitspielen und entscheiden, ob ihr führt, ob ihr folgt und was ihr mit der ganzen Geschichte machen wollt.

Wie sieht es denn aus, Veronika, hast du noch einen letzten Tipp für unsere Tangotänzer, wenn sie den erfolgreichen Verhandlungstango anstreben?

**V. v. H.-R.:** Für die Mädels, ihr seid groß, schön und stabil. Egal, auf wie hohen Absätzen ihr steht. Macht euch groß, macht euch nicht klein.

Für die Jungs, lasst das „schön" weg und seid stark stattdessen.

**C. K.:** Wunderbar, dann danke ich dir.

*Veronika von Heise-Rotenburg www.la-potranca.com*
*Foto: Klaus Hörberg*

## Was Tanzen und Verhandeln gemeinsam haben

Tanzen und Verhandeln sind definitiv meine beiden größten Leidenschaften. Neben diesem – für dieses Buch ausschlaggebenden Grund – haben sie noch jede Menge mehr gemeinsam. Wie kam ich zu diesen beiden Steckenpferden?

Im Jahre 1984 betrat ich das erste Mal eine Tanzschule in der Münchner Innenstadt und lernte die ersten Schritte der Standard- und Lateintänze. Begeistert ging ich mittwochs zum Kurs und samstags zur Übungsparty. Ich weiß noch genau – die Blumen zu meinem ersten Abschlussball im „Bayrischen Hof" waren Chrysanthemen, glücklicherweise wusste ich damals nicht, dass das eher Friedhofsblumen sind. Mein Abschlussballpartner vermutlich auch nicht. Schön und aufregend war der Ball und Spaß hat es auch gemacht. Also ging ich flugs in den Fortgeschrittenenkurs und dann sofort weiter in die Medaillen-Kurse: Bronze – Silber – Gold – Gold-Star und natürlich Super-Gold-Star. Da es in dieser Tanzschule üblich ist, dass die „Großen", also ab Gold-Kurs, eine Formation oder sonstige Show auf dem Abschlussball tanzen, war ich sofort dabei, als es um eine „Dirty Dancing"-Formation ging. Viereinhalb Minuten „Time of my Life" waren ganz schön lang für eine Choreografie, dafür war der Auftritt ein voller Erfolg auf dem Ball und wir wurden anschließend viel für Veranstaltungen gebucht. Ich werde unseren Auftritt beim Fest der Münchner Schulen in der Rudi-Sedlmayr-Halle vor 5.000 Zuschauern nie vergessen. Der Applaus hat uns förmlich durch die Choreografie getragen. Als ich am Ende auf der Schulter meines Tanzpartners schwebte und strahlte, wusste ich: Tanzen, das ist mein Sport.

Ich schlug die Turnierlaufbahn in den lateinamerikanischen Tänzen ein. Gleichzeitig finanzierte ich mein Informatik-Studium mit Tanzkursen für Kinder und Studenten. Schnell war klar, ohne Tanzen geht's gar nicht! Mein damaliger Freund, ein eingefleischter Nichttänzer, beschwerte sich oft, dass ich ständig beim Tanzen war. Allerdings hat er, als ich mal zwischendurch keinen Tanzpartner hatte, nach drei Wochen gesagt: „Kannst du dir bitte schnell wieder einen suchen, du bist unausstehlich ohne Tanzen." Zum Paarturniertanz kam Formationstanzen. Außerdem trainierte ich Lateinturniertanz- und Rollstuhltanz-Formationen – einer zu Fuß, einer im Rollstuhl. Nach der Turnierkarriere ging ich zu Salsa- und Tango-Tanzabenden und da ich es nicht lassen kann, lerne ich jetzt Flamenco. Ohne Tanzen geht halt nichts – zumindest bei mir. Ich werde immer noch unausstehlich, wenn ich länger ohne Tanzen auskommen muss. Umso schöner, dass ich vor ein paar Jahren entdeckt habe, dass Tanzen und Verhandeln sehr ähnliche Züge haben, sowohl im Ablauf als auch auf der emotionalen Seite.

**i**

## Verhandlungstango-Emotionsformeln:

**Tanzen** =
((Erwartung + Aufregung
+ Hoffnung + Neugierde)
– (Angst + Zweifel))
x (Schrittsicherheit + Taktgefühl
+ Spaß + Übermut + Energie)
= Glücksgefühl

**Verhandeln** =
((Erwartung + Spannung
+ Hoffnung + Karrierelust)
– (Angst + Zweifel))
x (Selbstsicherheit + Feingefühl
+ Spaß + Übermut + Power)
= Erfolgsgefühl

Auch mein Verhandlungstalent entdeckte ich früh: Im Urlaub in Italien gingen wir bei schlechtem Wetter gerne auf den Markt. Wenn meine Mutter, die gar nicht handeln konnte, eine Jacke wollte, gab sie mir Geld und schickte mich – neunjährig – mit folgenden Worten zum Verkäufer: „Hier hast du 50 Mark. Ich will diese Jacke. Alles, was du an Geld zurückbringst, darfst du behalten." Ich brachte selten Geld zurück, allerdings meistens zwei Jacken. So wurde mein Verhandlungstalent früh geschult. Wie sehr sich Verhandeln und Tanzen in Vorbereitung und Ablauf ähneln, sehen Sie in folgender Tabelle:

*Tanzen = Verhandeln*

| Tanzablauf | Verhandlungsablauf |
|---|---|
| Vorbereitung: Schritte lernen und üben, sich mit Tanzpartner verabreden, sich aufbrezeln | Vorbereitung: Verhandlungstyp erkennen lernen, Ziele festlegen, mental üben, sich aufbrezeln |
| Entscheidung: Wo, wann und mit wem will ich welchen Tanz tanzen? | Entscheidung: Wo, wann und mit wem will ich um was genau verhandeln? |
| Auffordern: Welchen Tanzpartner wie auffordern? | Auffordern: Welcher Verhandlungstyp sitzt mir gegenüber? Wer entscheidet? |
| Umgang mit dem Nein: Korb geben und bekommen | Umgang mit dem Nein: ablehnen und abgelehnt werden |
| Musik beginnt: Taktgefühl und Rhythmus | Verhandlung beginnt: Feingefühl und Menschenkenntnis |
| Führen und führen lassen: Druck/Gegendruck, Aktion/Reaktion | Führen und führen lassen: Erwartungen/Versprechungen, Aktion/Reaktion |
| Auf die Füße treten: Absicht oder nicht? Entschuldigung! | Fauxpas und Fettnäpfchen: Absicht oder nicht? Entschuldigung! |
| Gemeinsam tanzen wie auf Wolken | Win-win-Ergebnis |
| Schlussapplaus: gemeinsam im Einklang von der Fläche gehen | Schlussapplaus: auf Augenhöhe auseinander gehen |

# Aufbrezeln und Warmlaufen

Stellen Sie sich vor, Sie haben schon seit Wochen Eintrittskarten für eine Wohltätigkeitsgala mit Tanz zu Hause liegen. Der Termin ist in drei Wochen. Jedes Mal, wenn Sie an den Karten – die am Spiegel im Flur klemmen – vorbeilaufen, huscht zuerst ein Lächeln der Vorfreude über Ihr Gesicht und fast gleichzeitig erstarren Sie und überlegen angespannt: Was ziehe ich an? Ich muss mir dringend noch ein Kleid kaufen. Wer wird wohl noch alles da sein? Ich muss mir dringend noch die aktuellen Themen aus Sport, Weltgeschehen und Politik merken. Wie viel will ich spenden? Waren es nicht sogar 400-mal 50 €, die da in der ersten Stunde schon gesammelt wurden? Für welches Projekt waren die Spenden genau? Ich muss mir dringend noch einmal die Mail vom Ergebnis der letzten Spendenaktion anschauen.

Kennen Sie diese Gedanken? Sie „müssen" ständig irgendwas und haben dabei immer das Gefühl, dass Sie überhaupt nicht hinterherkommen mit all Ihren Verpflichtungen? Dann habe ich jetzt eine gute und eine vermeintlich schlechte Nachricht für Sie: Die gute Nachricht lautet: Sie müssen gar nichts! Die schlechte Nachricht, bei der am Ende glücklicherweise alles gut wird, ist ein bisschen ausführlicher:

**Müssen musste sterben!**

09.12.2014 – Tragischer Todesfall im Münchner Westend. Es war unvermeidbar, „Müssen" musste sterben. Doch was war geschehen? Blicken wir zurück auf diese Tragödie der Vorweihnachtszeit 2014.

„Müssen" – auch bekannt als kleiner Zwangzwerg – ging seiner Lieblingstätigkeit nach und warf seine vermeintlichen Zwangsnetze in Form von grünem Nebel über die Menschen, die in der vorweihnachtlichen, besinnlichen Zeit extrem gestresst durch die Straßen schossen.

Er flüsterte den Menschen schicke kleine Sätzchen ins Ohr:

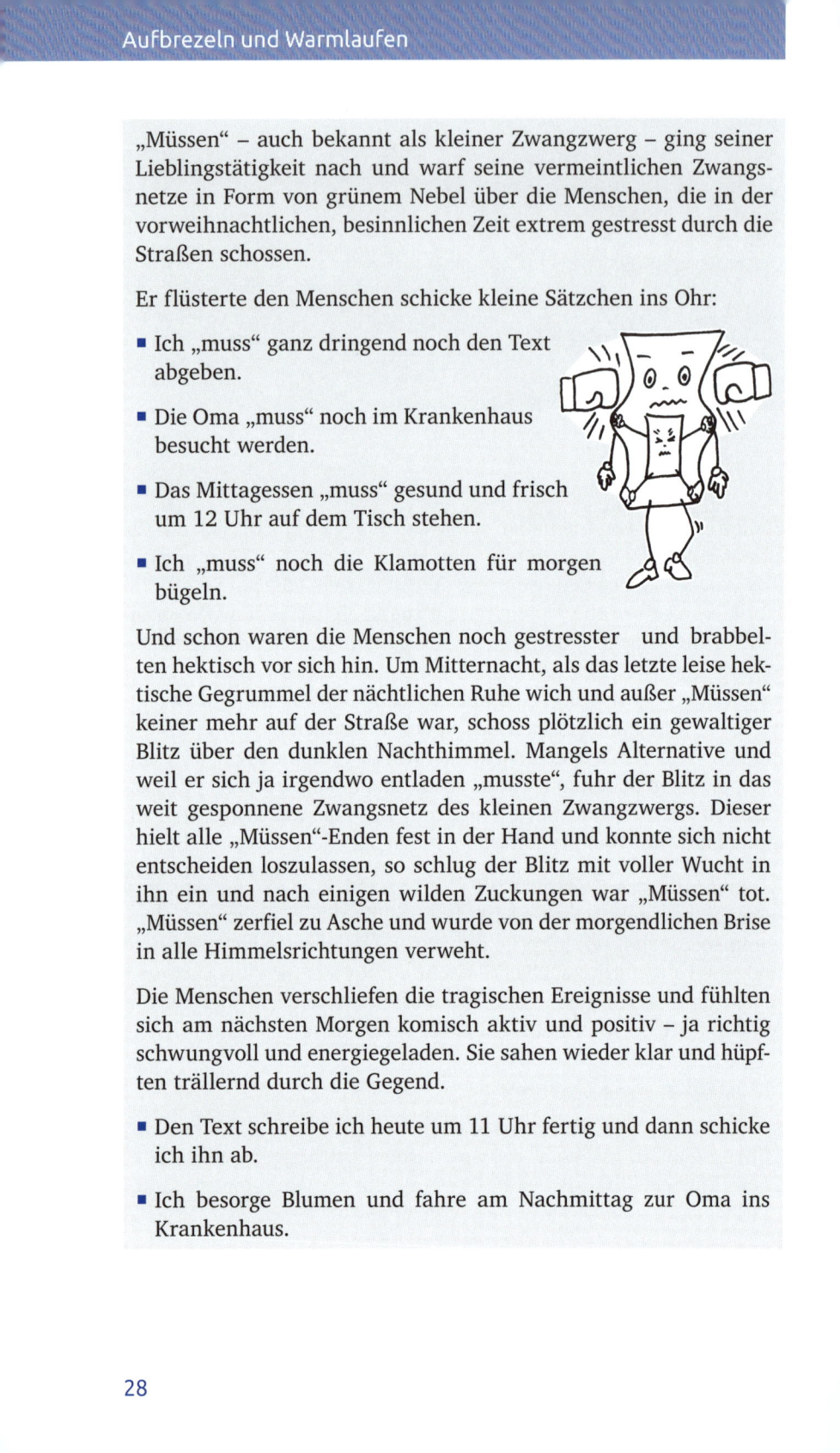

- Ich „muss" ganz dringend noch den Text abgeben.

- Die Oma „muss" noch im Krankenhaus besucht werden.

- Das Mittagessen „muss" gesund und frisch um 12 Uhr auf dem Tisch stehen.

- Ich „muss" noch die Klamotten für morgen bügeln.

Und schon waren die Menschen noch gestresster  und brabbelten hektisch vor sich hin. Um Mitternacht, als das letzte leise hektische Gegrummel der nächtlichen Ruhe wich und außer „Müssen" keiner mehr auf der Straße war, schoss plötzlich ein gewaltiger Blitz über den dunklen Nachthimmel. Mangels Alternative und weil er sich ja irgendwo entladen „musste", fuhr der Blitz in das weit gesponnene Zwangsnetz des kleinen Zwangzwergs. Dieser hielt alle „Müssen"-Enden fest in der Hand und konnte sich nicht entscheiden loszulassen, so schlug der Blitz mit voller Wucht in ihn ein und nach einigen wilden Zuckungen war „Müssen" tot. „Müssen" zerfiel zu Asche und wurde von der morgendlichen Brise in alle Himmelsrichtungen verweht.

Die Menschen verschliefen die tragischen Ereignisse und fühlten sich am nächsten Morgen komisch aktiv und positiv – ja richtig schwungvoll und energiegeladen. Sie sahen wieder klar und hüpften trällernd durch die Gegend.

- Den Text schreibe ich heute um 11 Uhr fertig und dann schicke ich ihn ab.

- Ich besorge Blumen und fahre am Nachmittag zur Oma ins Krankenhaus.

- Ich freue mich, mit meinen Kindern gemeinsam eine gute Mahlzeit zu essen.

- Ach, das bügele ich noch schnell, dann kann ich morgen meine Lieblingsklamotten anziehen.

Die Moral von der Geschicht': Entscheide dich, denn müssen musst du nicht!

Das war sie, die schlechte Nachricht mit dem guten Ende. Sie müssen gar nichts! „Müssen" gehört zu den Unwörtern, die Ihrem Unterbewusstsein Zwang einreden. Das reagiert dann wie 3- bis 4-jährige Kinder, die ins Bett sollen, aber nicht wollen, und die entwickeln jede Menge – zugegeben sehr fantasievolle Ausreden – warum sie nicht ins Bett „müssen". Genauso reagiert Ihr Unterbewusstsein auf „Müssen". Ersetzen Sie „Müssen" durch aktive Verben und treffen Sie aktiv Entscheidungen, was Sie tun wollen.

Ihre Gedanken könnten ja auch lauten: Fein, ich gehe mir ein richtig tolles, schickes, neues Kleid kaufen. Mit den aktuellen Themen aus Sport, Weltgeschehen und Politik wollte ich mich schon lang mal wieder beschäftigen. Jetzt mach ich das jeden Tag ein bisschen. Mensch, wie viel Gutes von den Spenden wohl getan wurde? Da schau ich doch gleich mal nach. Das denkt sich doch viel lockerer. Leider vermiesen wir uns oft die Vorfreude auf ein schönes Ereignis durch solche „Müssen"-Gedanken. Viel schöner wäre es doch, wenn wir wie früher zusammen shoppen gehen, dabei die verrücktesten Klamotten ausprobieren und uns gegenseitig verkünden, wie umwerfend wir aussehen. Uns anschließend am Nachmittag vor der Party gemeinsam im viel zu kleinen Bad aufbrezeln, dabei im Dauer-Kicher-Zustand sein, die Wimperntusche hin- und herreichen und alle Gäste schon mal ausgiebig durchhecheln. War schon schön, oder? Und meine Herren, erzählen Sie mir nicht, dass es bei Ihnen nicht genauso war, abgesehen von der Wimperntusche vielleicht – zumindest im übertragenen Sinn.

KIMICH-Ziel: In sechs Schritten zum Erfolg. Nehmen Sie diese Unbeschwertheit auch mit in die grundsätzliche Vorbereitung für den Verhandlungstango, je früher desto besser: Was wollen Sie vorher tun? Wie lang lang vorher wollen Sie mit Ihrer Vorbereitung starten? Schritte lernen wäre schon gut, oder? Ein Ziel zu haben auch. Machen wir, sogar beides! Bereiten Sie Ihr Ziel in sechs Schritten vor:

### KIMICH–Ziel: In sechs Schritten zum Erfolg

Ziele positiv formulieren und aufschreiben – das ist die Lösung! Dazu möchte ich Ihnen gerne die KIMICH-Methode vorstellen: **K**onkret – **I**ntuitiv – **M**essbar – **I**nitiativ – **C**reativ – **H**erausfordernd.

Nehmen Sie Ihre Kladde und schreiben Sie Ihre Ziele auf: Wünsche und Träume werden auf diese Weise sichtbar und erreichbar. Schwarz auf Weiß – oder bunt, wenn Ihnen das lieber ist – stehen sie jetzt auf einem Blatt Papier. Bisher schwirrten sie „nur" durch Ihren Kopf oder Sie haben sie bestenfalls jemandem erzählt. So werden Ihre Wünsche und Träume plötzlich fassbar und können so bearbeitet werden – auch und gerade im Verhandlungstango.

KIMICH-Ziel: In 6 Schritten zum Erfolg!

**Schritt 1**: Werden Sie konkret

Konkret bedeutet: Genau, detailliert und auf den Punkt gebracht. Was wollen Sie? Warum wollen Sie es? Was ist der Nutzen für Ihr Gegenüber?

Konkret bedeutet auch, dass Sie sich Ihrer Fähigkeiten bewusst sind oder werden. Suchen Sie nach Ihren – vielleicht verborgenen – Talenten, die Ihnen beim Erreichen Ihres Ziels helfen können, und sprechen sie diese auch aus.

Beispiel: Ich werde Teamchefin und übernehme die Projekte XYZ. Dafür habe ich in den letzten zwei Jahren die Projekte ABC erfolgreich innerhalb der vorgesehenen Zeit und innerhalb des Budgets abgeschlossen.

**Schritt 2:** Vertrauen Sie Ihrer Intuition

Sie haben Ihr Ziel konkretisiert. So weit, so gut. Kommen wir zu Ihrer Intuition. Wenn wir Entscheidungen treffen, vor allem, wenn es schnell gehen muss, dann treffen wir sie meist aus dem Bauch heraus. Oft sind das die besten Entscheidungen.

Überprüfen Sie Ihr Ziel intuitiv und verändern Sie es, wenn Ihr Bauchgefühl Einspruch erhebt.

Beispiel: Ich bin sicher, ich bin gut geeignet als Chefin.

**Schritt 3:** Messen Sie Ihren Erfolg

Wenn Sie Ihren Erfolg messen wollen, ist es sehr hilfreich, wenn Sie Ihr Ziel messbar gestalten. Dazu gehören alle Elemente, die in Zahlen und Daten darstellbar sind, z. B. was genau oder bis wann.

Beispiel: Ich verdiene ab 1.1.2016 um 20 % mehr, d. h. 72.000 € pro Jahr.

**Schritt 4:** Ergreifen Sie die Initiative

Initiativ sein bedeutet, von sich aus in Aktion zu treten.

Aktion kann auch bedeuten, den eigenen Marktwert durch Bewerbungen bei anderen Unternehmen zu überprüfen und idealerweise zu steigern.

Es ist sehr situationsabhängig, wann Sie persönlich am besten eine Veränderung anstoßen. Haben Sie gerade einen guten Tag, ist etwas Positives passiert oder wurden Sie gelobt? Machen Sie Ihren Mehrwert sichtbar! Gehören Sie zu den Menschen, die noch an das Märchen glauben, dass Ihr Verhandlungstanzpartner Ihre Taten sieht und entsprechend würdigt? Wie soll er denn? Und vor allem wann? Zeigen Sie sich. Von allein passiert selten etwas.

Beispiel: Ich spreche meinen Chef von mir aus an. Ich zeige ihm meine letzten großen Erfolge auf einen Blick. Wenn er mich nicht unterstützt, bewerbe ich mich bei drei anderen Unternehmen, um meinen Marktwert zu überprüfen.

**Schritt 5:** Seien Sie creativ

Creativ sein bedeutet, etwas zu entwickeln oder die Perspektive zu wechseln.

Versetzen Sie sich z. B. in die Lage desjenigen, mit dem Sie verhandeln wollen. Was braucht er, um Sie wahrzunehmen und zu respektieren?

Beispiel: Ich überlege mir, wie mein Chef gestrickt ist und wie ich ihn dazu bringen kann, dass er sich zu 100 % für mich einsetzt.

**Schritt 6:** Nehmen Sie die Herausforderung an

„When you dance tango, you must give everything. If you can't do that, don't dance." (Ricardo Vidort)

Stapeln Sie gerne tief? Womöglich noch, ohne es selbst zu merken? Dann ist jetzt der Zeitpunkt zu entscheiden, ob Sie das weiterhin wollen oder einen anderen Weg nehmen. Wenn Sie einmal eine aus Ihrer Perspektive unlösbare Aufgabe gemeistert haben, können Sie diesen Erfolg als „Ich schaff das!"-Gefühl bewahren. Erinnern Sie sich bei neuen Herausforderungen daran und finden Sie einen positiven Einstieg.

Beispiel: Ich zeige mich ab sofort in Besprechungen, stehe zu meinen Ideen und sorge dafür, dass ich als mögliche neue Teamchefin wahrgenommen werde.

Schreiben Sie zu jedem Punkt so viel wie möglich auf und verfeinern Sie Ihr Ziel Stück für Stück.

Streichen oder ersetzen Sie jetzt aus Ihrem aufgeschriebenen Ziel Folgendes:

- Konjunktive: würde, hätte, könnte

- Weichmacher: glauben, probieren, versuchen

- Abschrecker: müssen, Problem, nicht

- Verallgemeinerungen: man, jeder/jede, alle, die Gesellschaft

In Ihrer Kladde steht jetzt hoffentlich folgendes positiv formuliertes Ziel mit allen sechs Schritten:

Ich werde Teamchefin und übernehme die Projekte XYZ. Dafür habe ich in den letzten zwei Jahren die Projekte ABC erfolgreich innerhalb der vorgesehenen Zeit und innerhalb des Budgets abgeschlossen. Ich bin sicher, ich bin gut geeignet als Chefin. Ich verdiene ab 1.1.2016 um 20 % mehr, d. h. 72.000 € pro Jahr. Ich spreche meinen Chef von mir aus an. Ich zeige ihm meine letzten großen Erfolge auf einen Blick. Wenn er mich nicht unterstützt, bewerbe ich mich bei drei anderen Unternehmen, um meinen Marktwert zu überprüfen. Ich überlege mir, wie mein Chef gestrickt ist und wie ich ihn dazu bringen kann, dass er sich zu 100 % für mich einsetzt. Ich zeige mich ab sofort in Besprechungen, stehe zu meinen Ideen und sorge dafür, dass ich als mögliche neue Teamchefin wahrgenommen werde.[2]

Ihr Verhandlungstango-Ziel haben Sie jetzt und mit den Verhandlungstanzpartnern beschäftigen wir uns ausreichend im nächsten Kapitel. Was fehlt Ihnen noch zum Aufbrezeln-Glück? Ja, was ziehen Sie überhaupt an? Bitte nur etwas, in dem Sie sich wohlfühlen – nein, nicht die Jogginghose. Wenn Sie sich etwas Neues kaufen, tragen Sie es vorher ein. Wenn Sie nie im Anzug unterwegs sind, fühlen Sie sich in sauberer schwarzer Jeans und einem Hemd und/oder Jackett vermutlich wohler und sehen besser aus. Meine Damen: Bitte wählen Sie nur High Heels, wenn Sie damit unfallfrei und am besten elegant laufen können.[2]

Dann kann es ja jetzt schon fast losgehen …

## Tief durchatmen und los geht's

Wenn da nicht noch dieses Kribbeln wäre, von dem wir nie genau wissen, was es sagen will. Ist es Aufregung? Ist es Vorfreude? Ist es schlechtes Gewissen? Ist es Angst? Wenn ja, wovor genau? Wenn nein, warum kribbelt es dann? Egal, ob wir zum Tanzen oder zum Verhandeln gehen, das Kribbeln hat jeder von uns in verschiedener Ausprägung: ganz leise, deutlich spürbar, kaum auszuhalten, ganz angenehm, äußerst unangenehm, explosionsverdächtig usw. Wie fühlt sich Ihr persönliches Kribbeln an?

Meine These dabei ist: Das Kribbeln hat immer etwas mit Ihrem ganz persönlichen Selbst-Wert-Gefühl zu tun. Wenn Sie sich mit Ihrem

---

[2]  Die ausführliche Variante der Zielbearbeitung in sechs Schritten finden Sie in Claudia Kimich: „Um Geld verhandeln", C. H. Beck, 2015

Selbstwertgefühl beschäftigen wollen, dann ist das eine sehr gute Idee. Tun Sie das und bitte seien Sie ehrlich mit sich selbst. Sind Sie bereit, dem Menschen im Spiegel gegenüberzutreten?

### Ihr Spiegelbild kennt die Wahrheit

Sie sind der Mensch, der Ihnen aus dem Spiegel entgegenschaut. Lügen Sie Ihr Spiegelbild ruhig an, es glaubt Ihnen kein einziges Wort. Es schaut Sie an und es weint bitterlich, denn es kann die verborgene Wahrheit sofort und ungefiltert sehen. Fragen Sie den Menschen im Spiegel, was er Ihnen sagen will. Hören Sie ihm zu und beobachten Sie ihn genau – das sind Sie selbst. Sie stehen nicht vor Gericht, nicht vor Ihren Eltern, Freunden, Bekannten und Kollegen. Sie stehen vor dem Menschen, der Ihr größter und wichtigster Kritiker und gleichzeitig Ihr wohlmeinender Mentor ist.

Sie spielen der Außenwelt erfolgreich die Rolle des zielstrebigen, tollen und bewundernswerten Menschen vor? Sie sind der König/ die Königin der Nacht? Bravo! Ihr Spiegelbild schimpft Sie eine Hexe oder einen Lump? Es glaubt Ihnen kein einziges Wort.

Ein wichtiger Sieg im „Kampf" um Ihr Selbst ist Ihnen gelungen, wenn Ihr Spiegelbild Ihnen offen lächelnd in die Augen schaut und Ihnen die Freundschaft anbietet. Heureka, dann ist es geschafft und Sie haben einen großen Berg bestiegen. Am Gipfel wartet der Mensch im Spiegel und streckt Ihnen lächelnd die Hand entgegen. Lachen, Weinen, Sorgen und Glück, alles ist jetzt erlaubt und spiegelt sich zurück!

Nur Mut. Trauen Sie sich. Es wird gut. So oder so!

### Was genau ist dieses Selbst-Wert-Gefühl?

Lassen Sie sich diese Dreiteilung des Wortes einmal auf der Zunge zergehen. Was genau bedeutet jeder einzelne Teil für Sie? Schreiben Sie spontan in Ihre Kladde,

- was Selbst,

- was Wert,

- was Gefühl

– und zwar wirklich jeder einzelne dieser Bestandteile – für Sie im Zusammenhang mit dem anstehenden Verhandlungstango bedeutet.

## Selbst – Wert – Gefühl

Ist es Ihnen leichtgefallen? Oder eher schwer? Wenn Sie merken, dass dieses Thema mittlere Orkanstürme in Ihnen auslöst, ist es vermutlich höchste Zeit, daran etwas zu tun. Bitte holen Sie sich dazu unbedingt Unterstützung, entweder aus der professionellen Ecke oder bilden Sie ein Erfolgsteam mit Gleichgesinnten und unterstützen Sie sich dabei gegenseitig.

Meine Interpretation sieht so aus:

**Ihr Selbst** steht für Sie als Person. Was macht Ihre Person aus? Aus welchen Puzzleteilen besteht Ihre Persönlichkeit? Dazu gehören auf jeden Fall Ihre Charaktereigenschaften, Ihre Stärken und Schwächen, Ihre Talente, Ihre Fähigkeiten, Ihre Ideen, Ihre Meinung, Ihr Lebensentwurf. Weitere Puzzleteile sind Ihre Leistungen, Ihre Strategien, Ihre Karrierevorstellungen. Ihre höchstpersönlichen Werte, wie z. B. Sicherheit, Freiheit, Loyalität, Höflichkeit, Respekt usw., gehören auch zu Ihrem Selbst und spielen auch ganz gewaltig in die Mitte des Selbst-Wert-Gefühl-Dreigestirns – den Wert – hinein.

**Ihr Selbst**

- Schreiben Sie Ihre Fähigkeiten, Stärken/Schwächen usw. in Ihre Kladde. Beschäftigen Sie sich am besten mindestens ein- bis zweimal pro Jahr mit Ihrem Selbst und ergänzen Sie alles dazu Gelernte bzw. überprüfen Sie, ob Sie bisher etwas übersehen haben. Fragen Sie auch gerne andere Menschen und setzen Sie sich mit Ihrem Fremdbild auseinander.[3]

- Führen Sie ein Leistungstagebuch, das Sie mindestens einmal im Monat ergänzen. Damit haben Sie auch beim spontanen Verhandlungstango immer alle Infos griffbereit.

**Ihr Wert** ist vor allem beim Verhandlungstango meist finanzieller Art. Sie werden für Ihre Leistungen entlohnt. Auf den ersten Blick ist das eine klare mathematische Gleichung: Leistung = Geld/pro Monat. Leider geschieht es selten freiwillig, dass bei mehr Leistung auch mehr Geld gezahlt wird. Da „Müssen" im letzten Kapitel verstorben ist, „müssen" Sie jetzt nicht mehr darum kämpfen, sondern Sie können sich entscheiden, um Ihren Wert zu verhandeln, am besten sogar aktiv.

Da können Ihnen beim Verhandlungstango neben den Verhandlungstanzpartnern leider auch Ihre inneren Werte ganz schön in die Quere kommen. Wenn es sich z. B. um Ihren Traumjob handelt, also den Wert „Karriere" oder „Jobzufriedenheit" hoch bedient, wird es für Sie extrem schwierig werden, „hart" zu verhandeln bzw. das Möglichste herauszuholen, da Ihr Gegenüber diesen Zwiespalt unterbewusst spüren wird. Damit wachsen seine/ihre Verhandlungsspielräume und das wird er/sie wahrscheinlich zu seinem Vorteil nutzen.

Bei mir sind die Werte Freiheit, Selbstbestimmtheit sowie Spaß, Freizeit und Abwechslung sehr hoch angesiedelt, deswegen werde ich vermutlich in diesem Leben nicht mehr angestellt arbeiten, wie meine Chefin mir übrigens schon bei meinem zweiten Praktikum prophezeit hatte. Das verträgt sich einfach nicht gut. Aus demselben Grund habe ich zehn Jahre lang zu meiner Trainings- und Coachingtätigkeit jeden Sommer für drei Monate eine Windsurf- und Tanzschule für Jugendliche auf Korsika geführt. Und meinen Wert Faulheit lebe ich insbesondere darin aus, dass ich vor 10 Uhr mor-

---

[3] Mehr dazu finden Sie in Claudia Kimich, „Um Geld verhandeln", oder die Selbstanalyse bzw. eine Selbstbild/Fremdbild-Abfrage zum Download unter www.verhandlunstango.de

gens den doppelten Stundensatz verlange. So bekomme ich dann auf Kosten meines Werts zumindest Schmerzensgeld, und das gibt der Gleichung von oben eine neue Richtung.

## Ihre eigenen Werte

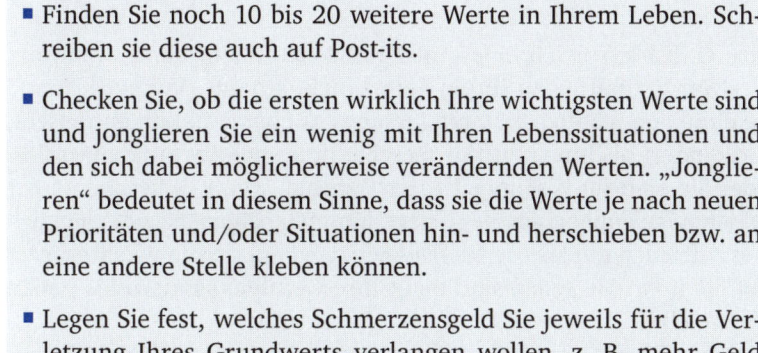

- Überlegen Sie, welche Ihre zehn wichtigsten Werte sind. Schreiben Sie diese am besten auf Post-its, dann können Sie gut damit arbeiten.

- Finden Sie noch 10 bis 20 weitere Werte in Ihrem Leben. Schreiben sie diese auch auf Post-its.

- Checken Sie, ob die ersten wirklich Ihre wichtigsten Werte sind und jonglieren Sie ein wenig mit Ihren Lebenssituationen und den sich dabei möglicherweise verändernden Werten. „Jonglieren" bedeutet in diesem Sinne, dass sie die Werte je nach neuen Prioritäten und/oder Situationen hin- und herschieben bzw. an eine andere Stelle kleben können.

- Legen Sie fest, welches Schmerzensgeld Sie jeweils für die Verletzung Ihres Grundwerts verlangen wollen, z. B. mehr Geld für viele Reisen oder zwei Tage frei pro gearbeiteten Samstag. Beachten Sie auch parallel zum Wert in Euro die Werte Status, Macht und Anerkennung.

## Juhu-/Okay-/Minimum-Wert

Setzen Sie sich drei Werte vor jedem Ihrer Verhandlungstangos fest.

1. Der Juhu-Wert = Der Wert, bei dem Sie aus dem Stand locker vor Freude zwei Meter hoch springen – wenn Sie außer Sichtweite des Verhandlungspartners sind, natürlich.

2. Der Okay-Wert = Der Wert, bei dem Sie sich gut fühlen und Ihre Leistungen wertgeschätzt werden – im wahrsten Sinne des Wortes.

3. Der Minimum-Wert = der absolute Mindestwert, unter den Sie bitte auf gar keinen Fall bei gar keinem Verhandlungstango gehen – ich müsste Ihnen sonst leider im Traum erscheinen und ich weiß nicht, ob Sie das wirklich wollen.

Angenommen, Sie verdienen 60.000 € im Jahr. Dann könnten Ihre Juhu-Okay-Minimum-Werte beim Verhandlungstango wie folgt aussehen:

1. Juhu: 80.000 € Jahresgehalt + Dienstwagen + Assistentin

2. Okay: 70.000 € Jahresgehalt + Assistentin

3. Minimum: 65.000 € Jahresgehalt

**Ihre Gefühle** spielen eine große Rolle, vor allem dann, wenn der Wert im Verhältnis zu Ihrem Selbst nicht stimmt. Vermutlich sind Sie dann von wütend, erstarrt, fassungslos über erstaunt, enttäuscht, verwundert bis hin zu hilflos, beschämt, ausgeliefert und machtlos. Oder Sie sind im 7. Himmel Ihrer Gefühle, wenn es besonders gut gelaufen ist: euphorisch, begeistert, himmelhochjauchzend, glücklich und zufrieden mit sich selbst. Das Schöne an positiven wie negativen Gefühlen ist: Sie selbst sind nicht Ihre Gefühle, sondern Sie haben nur welche.

### Ihre Gefühle

- Schreiben Sie auf, welche Gefühle Ihnen bei Ihren bisherigen Verhandlungstangos begegnet sind.

- Welche Handlungen haben diese Gefühle angestoßen?

- Wie haben Sie mit diesem Gefühl im Bauch reagiert?

- Wollen Sie in Zukunft genauso reagieren, wenn dieses Gefühl kommt?

- Wenn nein, wie wollen Sie dann anders reagieren?

Machen Sie sich dazu am besten eine Übersichtstabelle:

| Gefühl | Handlung | Zukunftsent- scheidung | Neue gewünschte Reaktion/Handlung |
|---|---|---|---|
| Unsicherheit | schweigen und abwarten | Nein | Mut zusammenneh- men und Meinung kund tun |
| | | | |
| | | | |

Sie haben nun mit allen drei Teilen einzeln gearbeitet und sind sich vermutlich selbst einen Schritt nähergekommen. Schauen wir noch einmal auf Ihr gesamtes Selbst-Wert-Gefühl:

## Selbst-Wert-Gefühl

Wo befindet sich Ihr Selbst-Wert-Gefühl jetzt gerade auf einer Skala von 0 bis 10?

Machen Sie einen Kringel an die Stelle.

0    1    2    3    4    5    6    7    8    9    10

**Ergebnis ≥ 8**   Alles ist gut. Sie können losziehen zum Tanzen oder Verhandeln.

**Ergebnis 5–7**   Sie sollten ein paarmal tief durchatmen, bevor Sie losgehen. Übrigens beim Tief-Durchatmen ist das Ausatmen der wichtigere Teil. Die meisten kennen den Ausspruch „Hol mal tief Luft" und dann holen sie jede Menge Luft, bis sie fast platzen. Dabei ist das Ausatmen das, was Ihnen hilft, ruhiger zu werden bzw. die Ruhe zu bewahren und auf dem Boden der Tatsachen zu bleiben.

**Ergebnis 0–4**   Oh, oh, oh, hoffentlich stehen Sie nicht gerade direkt vor einem wichtigen Verhandlungstango. Wenn doch, dann sagen Sie, wenn möglich, ab. Wenn das nicht möglich ist, tun Sie sich ganz schnell noch was Gutes: Schokolade, Cappuccino, von mir aus auch einen Schluck Prosecco. Hauptsache, es gibt Ihnen ein gutes Gefühl. Machen Sie das Beste draus. Schlimmstenfalls ist es eine Lernerfahrung.

Wenn Sie noch etwas Zeit haben: Schauen Sie jetzt genau hin, welcher der drei Teile Ihres Selbst-Wert-Gefühls sich wo genau auf den folgenden Skalen befindet. Machen Sie wieder je einen Kringel an die entsprechenden drei Stellen.

**Selbst**

0    1    2    3    4    5    6    7    8    9    10

**Wert**

0    1    2    3    4    5    6    7    8    9    10

**Gefühl**

0   1   2   3   4   5   6   7   8   9   10

**Selbst < 5**

Schauen Sie auf die Liste Ihres Selbst, die Sie in der Übung auf den vorherigen Seiten erstellt haben. Was braucht es, damit Ihr Selbst einen besseren Wert erreicht? Können Sie Ihre Fähigkeiten steigern? Wollen Sie noch etwas lernen? Hilft es, wenn Sie Ihr Selbst schwarz auf weiß vor sich sehen? Steigert das Ihren Wert? Ist der Job, um den es beim Verhandlungstango geht, der richtige für Sie, oder sagt Ihnen Ihr Selbst nur, dass Sie diesen gar nicht wollen?

**Wert < 5**

Prüfen Sie Ihre Juhu-Okay-Minimum-Werte aus der vorherigen Übung. Wenn Sie nicht dahinterstehen, werden Sie sie sicher nicht durchsetzen! Wenn Sie selbst an Ihrem Wert zweifeln, „riecht" der andere das meilenweit gegen den Wind. Prüfen Sie, ob Ihr Wert in Euro stimmig ist. Wenn nicht, schauen Sie, welcher innere Wert, wie z. B. Sicherheit, Ihnen evtl. im Weg steht.

**Gefühl < 5**

Glauben Sie Ihrem Gefühl und lassen Sie es durch sich hindurchziehen. Schauen Sie sich das Gefühl an und machen Sie erst einmal nichts. Anschließend tun Sie etwas, was Ihnen wirklich gut tut. Was das ist, wissen Sie am besten. Bei mir bewirken ein Telefonat mit meiner besten Freundin, ein gutes Buch, ein guter Kaffee, die Hängematte oder einfach nur mein Garten schon Wunder. Wenn es Ihnen bessergeht, sind Sie wieder einsatzfähig und können verhandlungstanzen gehen.

Das war zum Einstieg ganz schön harter Tobak, oder? Alles halb so wild. Wenn sich in Ihnen etwas bewegt, dann sind Sie mit jeder Bewegung, mit jedem Schritt flexibler im Verhandlungstango. Wenn Sie mit sich selbst klarkommen, wird es auch mit dem Verhandlungstanzpartner, um den es im nächsten Kapitel geht, immer geschmeidiger.

Denken Sie vor dem Verhandlungstango immer daran:

**EINATMEN – AUSATMEN!**
**Das ist echt lebensverlängernd**
**und hilft nebenbei Ruhe zu bewahren.** (Claudia Kimich)

# Wer tanzt mit wem?

Ohne Partner macht zumindest Paartanzen keinen Spaß und Verhandeln bringt relativ wenig. Außer Sie verhandeln mit sich selbst, und das kommt öfter vor, als Sie glauben. Verhandlungen in Ihrem persönlichen inneren Boxring können ganz schön anstrengend sein oder Sie sogar komplett blockieren. Ihre unterschiedlichen Persönlichkeiten treten sich gegenüber, z. B. der Trotzkopf und der Angsthase oder der Perfektionist und der Mutige – das könnte dann so aussehen:

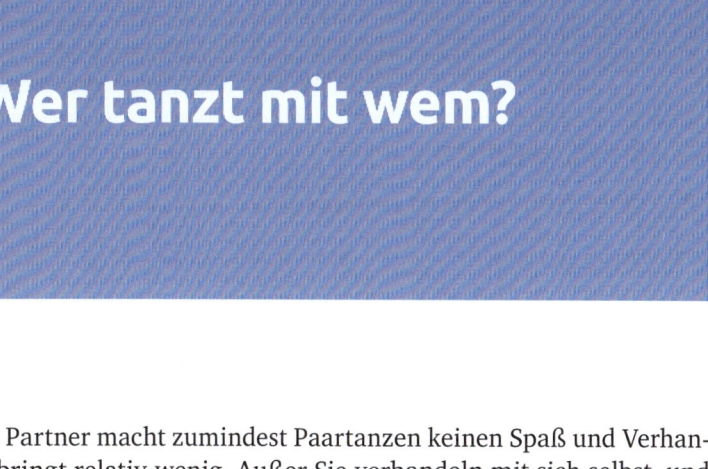

### Innerer Verhandlungstango – zwei mal zwei

„Der Tango – das sind zwei ernste Mienen und vier Beine, die sich amüsieren." (Carlos Matheos)

**1. Runde: Trotzkopf verhandelt mit dem Angsthasen**

Trotzkopf: „Dem zeige ich es aber jetzt, der kann sich warm anziehen! Ich rette dem jeden Monat mindestens dreimal den Allerwertesten – und was bekomme ich dafür? In jedem Fall viel zu wenig!"

Angsthase: „Aber, aber, was ist, wenn der mir kündigt, wenn ich mehr Geld verlange? Ich trau mich nicht."

Trotzkopf: „Na, dann soll er mir doch kündigen, wird schon sehen, was er davon hat! Wenn ich nicht sofort 20 % mehr bekomme, dann kündige ich selbst! Ich mach den Job von der kranken Kollegin ja schon fast ein halbes Jahr mit. Mir doch egal! Was Besseres finde ich allemal!"

Angsthase: „Und dann, was mache ich dann? Ich finde bestimmt so schnell keinen neuen Job, schließlich wartet die (Arbeits-)Welt da draußen nicht auf mich. Dann kann ich die Miete nicht mehr zahlen, muss Hartz IV beantragen. Oh Gott, oh Gott, oh Gott! Bloß nicht mit dem Chef über Geld reden, dann kann auch nichts Schlimmes passieren."

**2. Runde: Perfektionist verhandelt mit dem Mutigen**

Mutiger: „Heute rede ich mit der Chefin, und zwar gleich, wenn sie mittags nach ihrem Termin zurückkommt."

Perfektionist: „Bist du sicher, dass das eine gute Idee ist? Du bist gar nicht perfekt vorbereitet. Du hast deine Projektliste seit drei Monaten nicht mehr aktualisiert und deine Stärken/Schwächen/Nutzen-Tabelle schon ewig nicht mehr angeschaut. Besser, wir machen das am Wochenende noch mal richtig gut. Nächste Woche reicht doch völlig."

Mutiger: „Nix da, heute ist ein guter Tag, ich geh jetzt gleich zu ihr und fordere, was mir schon lange zusteht. Schließlich mache ich gute Arbeit."

Perfektionist: „Sag aber dann nicht, ich hätte dich nicht gewarnt, wenn es wegen schlechter Vorbereitung in die Hose gegangen ist. Dann wünschst du dir wieder, du hättest auf mich gehört."

Mutiger: „Wenn ich immer auf dich hören würde, hätten wir in diesem Leben noch keinen Cent mehr bekommen. Nach dem letzten guten Projekt wäre ich gar nicht zu ihr gegangen und dann hätten wir jetzt nicht vier Urlaubstage mehr, die du schließlich auch ganz gut findest. Ich geh jetzt!"

Kennen Sie diese oder ähnliche innere Kämpfe? Geht es in Ihnen manchmal so richtig ab? Fühlen Sie sich dabei blockiert und wissen partout nicht, wie Sie den nächsten Schritt tun sollen? Geben Sie Ihren inneren Persönlichkeiten Raum – und die meisten Menschen haben jede Menge innerer Persönlichkeiten. Hören Sie sich an, was sie zu sagen haben. Die wollen Ihnen grundsätzlich nur Gutes. Leider wissen Sie oft nicht, ob das Muster, nach dem diese Persönlichkeiten geschaffen wurden, noch aktuell ist und vor allem, ob es zum jetzigen Zeitpunkt noch gut für Sie ist. Stellen Sie sich und Ihrem Innenleben folgende Fragen:

- Seit wann habe ich diesen Persönlichkeitsanteil?

- Ist es mein eigener?

- Habe ich ihn von jemand anderem, z. B. Mutter oder Vater, übernommen?

- Was hat er mir damals gebracht, als ich ihn mir ganz frisch zugelegt habe?

- Was bringt er mir jetzt?

- Was schadet er mir jetzt?

- Gibt es eine Möglichkeit, ihn in meiner jetzigen Situation, meinem jetzigen Leben für mich gewinnbringend einzusetzen?

- Wenn nicht, wie kann ich ihn „ehrenhaft" und mit ehrlichem Dank entlassen oder zurückgeben?

Nehmen Sie sich ausreichend Zeit, um sich mit Ihrem Innenleben zu beschäftigen. Wenn Sie darüber hinweggehen, können Sie den Verhandlungstango üben, bis Ihnen die Zunge qualmt: Das wird immer – gefühlt und tatsächlich – härteste Arbeit sein, sehr anstrengend und wahrscheinlich wenig erfolgreich. Arbeiten bzw. verarbeiten Sie die Ursache, fällt Ihnen manches anschließend so viel leichter, dass Sie gar nicht mehr verstehen, wo vorher das Problem war, und vor allem, warum Sie es nicht viel früher angegangen sind. Holen Sie sich für diese Art, an sich zu arbeiten, in jedem Fall Hilfe, z. B. von einem guten Freund, der Ihnen spiegelt, was er von außen sieht, oder professionelle Hilfe vom Coach oder Therapeuten. So viel zu inneren Verhandlungen – diese passieren übrigens meist ganz ohne Aufforderung und gern dann, wenn wir sie überhaupt nicht brauchen können.

Schauen wir uns jetzt auf den folgenden Seiten Ihr „echtes" Gegenüber an: Wen wollen wir auffordern? Welche Verhandlungstanzpartner gibt es? Sind diese auf bestimmte Tänze spezialisiert? Was gibt es dort zu beachten? Denken Sie an Ihre erste Tanzstunde, als Jungs und Mädels sich gegenüberstanden: Wie haben Sie sich damals gefühlt? Wie sind Sie damit umgegangen? Wie und wonach haben Sie die „Wesen von der anderen Seite" einsortiert? – Gar nicht? Macht nichts. Genauso geht es uns heute, spätestens dann, wenn das Thema Geld zur Sprache kommt. Wir scannen unser Verhandlungsgegenüber von oben bis unten ab. Kennen Sie diesen typisch weiblichen Runterrauf-Blick? Egal, ob mit oder ohne diesen Blick, wir ordnen unser Gegenüber ein und wenden je nach Typ verschiedene Strategien an.

**i** **Empathie für alle – auch und gerade für mich**

Guten Erfolg erzielen Sie, wenn Sie dabei an zwei Punkte denken:

– Tanzen und Verhandeln läuft am besten, wenn die Chemie stimmt.

– Der Köder muss dem Fisch schmecken, nicht dem Angler.

Die Moral von der Geschicht': Stellen Sie sich auf Ihr Gegenüber ein und vergessen Sie dabei Ihr eigenes Wohlbefinden nicht!

Zur Unterstützung beim Einstellen auf Ihren „Verhandlungstanzpartner" stelle ich Ihnen vier verschiedene Typen vor. Wir tanzen dann durch alle Themen in den verschiedenen Kapiteln mit allen Partnern und schauen, wo die Unterschiede sind und wie Sie mit diesen Typen am besten umgehen.

Max/Maxima –
strategische Gewinnmaximierer

Domenik/Domenika –
ultimative Powerpakete

Star/Stella –
mitreißende Entertainer

Traugott/Traudel –
loyale Unterstützer

*Alle vier Verhandlungstanzpartner auf einen Blick*

Sie können jetzt schon beim Lesen in sich hineinspüren, ob Sie selbst hohe Anteile an den jeweiligen Typen haben, ob Sie viele Menschen dieses Typus kennen und ob Sie gerne mit dem jeweiligen Partner den Verhandlungstango tanzen mögen.

Wir schauen uns in den folgenden Kapiteln an, wie die verschiedenen Verhandlungstanzpartner gestrickt sind: Woran Sie sie erkennen können. Wie Sie mit ihnen umgehen – vor, während und nach dem Verhandlungstango. Bitte, bitte nehmen Sie sich Zeit, den Umgang mit den einzelnen Partnern zu üben. Lassen Sie keine Gelegenheit aus, die verschiedenen Typen – nach der Lektüre dieser Kapitel – im Alltag zu erkennen bzw. zuzuordnen. Das geht in der U-Bahn, im Café, auf besonders großen schönen Plätzen und auch sonst überall. Überlegen Sie, wie Sie mit dem jeweiligen Menschen den elegantesten Verhandlungstango getanzt hätten und zu welchem Ergebnis Sie dabei gekommen wären.

Mindestens 50 % Ihrer Verhandlungstanzpartner kennen Sie vorher schon. Diese können Sie nach den folgenden Mustern einschätzen, analysieren und dann in Ruhe überlegen, wie Sie mit ihnen umgehen, damit Sie erfolgreich sind. Los gehts mit dem ersten Verhandlungstanzpartner.

## Max/Maxima tanzen den langsamen Walzer

Ich mag Max und Maxima, die strategischen Gewinnmaximierer. Sie sind so wunderbar berechenbar. Sie tanzen am liebsten den langsamen Walzer oder Slowfox. Da geht es immer schön im Karree, die Schritte sind wohl geordnet und im gleichen Rhythmus, es gibt nicht so viele Drehungen, schon gar keine schnellen. Das Leben auf dem Tanzparkett ist wunderbar gleichmäßig geregelt.

Genau so bewegen sie sich auf dem Verhandlungsparkett. Es geht um klare Schrittfolgen. Deswegen ist es auch wichtig, dass Sie für den Verhandlungstango oder in diesem Fall eher langsamen Verhandlungswalzer eine klare Struktur haben und sehr gut vorbereitet sind. Da gibt es keine Spielchen, kein Machtgehabe, es geht einfach nur um ZDF: Zahlen, Daten, Fakten.

Entsprechend gibt es auch keinen Small Talk. Andere Typen werden es oft als schroff empfinden, dass Max/Maxima direkt ins Gespräch einsteigen und sich weder nach dem guten Ankommen noch nach dem Befinden erkundigen oder erst mal übers Wetter plaudern. Sie steigen sofort ein, arbeiten ihren Plan ab und schauen, dass sie zu einem schnellen, guten Ergebnis kommen.

Ganz wichtig ist hier, dass Sie nichts persönlich nehmen. Wenn Max und Maxima Ihnen gleich zu Beginn eine direkte Frage stellen, wie z. B. „Welche Ergebnisse haben Sie im letzten halben Jahr bei Ihren

Projekten erreicht?", dann meinen sie diese Frage genau so, wie sie sie inhaltlich gestellt haben und haben dabei keinerlei Hintergedanken. Sie wollen Ihnen nicht unterstellen, dass Sie schlampig gearbeitet haben oder keine guten Ergebnisse geliefert haben, sondern einfach nur die Information bekommen, wo das Projekt und Sie mit Ihren Ergebnissen gerade stehen.

Wenn Sie selbst zur Unterstellungs-Queen oder zum Unterstellungs-King neigen, dann sollten Sie sich beim Gespräch immer wieder in Erinnerung rufen, dass Max und Maxima sich zu 90 % auf der inhaltlichen Ebene bewegen. Sie kommen gar nicht auf die Idee, dass sie Sie verletzen oder Ihnen zu nahe treten könnten. Auf der „bösen" persönlichen Ebene sind sie nicht zu Hause.

### Gerda, 27, IT-Leitung in einem medizinischen Labor

Gerda, studierte Informatikerin, soll in dem medizinischen Labor, in dem sie die IT-Leitung innehat, ein neues Computernetzwerk einrichten und generell alle Gerätschaften, die etwas mit Computern zu tun haben, auf den neuesten Stand bringen. Sie macht eine Ist-Analyse und stellt in einem Anforderungskatalog zusammen, was dringend und sofort benötigt wird bzw. was im zweiten Schritt „nice to have" wäre. Neben dem Server, diversen Computern, Bildschirmen und Druckern ist auch eine USV, eine unterbrechungsfreie Stromversorgung für den Server unter den absolut notwendigen Anschaffungen. Da sich im Erdgeschoss desselben Gebäudes eine größere Maschinenbaufirma befindet, ist es für Gerda völlig klar, dass die unterbrechungsfreie Stromversorgung für den Server unerlässlich ist. Die Maschinen des Unternehmens im Erdgeschoss werden jeden Morgen um fünf Uhr gleichzeitig gestartet. Das bedeutet, das Stromnetz geht für Sekunden in die Knie. Wenn der Server, der logischerweise im Dauerbetrieb ist, dann nicht durch diese USV gesichert ist, wird er jeden Morgen abstürzen und mit Sicherheit schnell den Geist aufgeben.

Gerda geht mit ihrem Konzept und ihrer Anforderungsliste zum Geschäftsführer, um diese zu besprechen und sich das O. K. für die Bestellung zu holen. Gerdas Chef ist eine Mischung aus Star und Traugott und hat nicht wirklich ein gutes Verhältnis zu Zahlen, Daten und Fakten. Sie geht mit ihm die Liste der dringenden Anforderungen durch und verweist beim Thema USV auf die Gefahr des Server-Absturzes. Der Geschäftsführer setzt seufzend, wegen des vielen Geldes, seinen Haken an den Server, die Computer, die Bildschirme, die Drucker und stutzt bei der USV. „Was ist eine USV? Wozu brauchen wir das? Das kostet immerhin 800 € zusätzlich. Ist eh alles schon teuer genug." Gerda erklärt noch einmal, dieses Mal schon ein bisschen unwillig, dass die USV in der Konstellation mit dem Maschinenbau-Unternehmen unerlässlich ist und auf Dauer sogar viel mehr Geld spart, als sie kostet. Der Geschäftsführer versteht immer noch nicht, wozu diese Ausgabe von zusätzlichen 800 € nötig ist, wenn der Server doch immer wieder selbstständig neu startet. Leicht genervt wiederholt Gerda ihre Ausführungen und versucht dem Geschäftsführer klarzumachen, dass diese Ausgabe absolut notwendig ist. Nach gefühlten zwei Stunden Ringen um die USV, gibt der Geschäftsführer nach und genehmigt sie. Gerda ist erleichtert und gibt ihre Bestellung auf. Es lässt ihr jedoch keine Ruhe, dass ihr Chef so unzugänglich war für ihre logischen Argumente.

Ein halbes Jahr nach der Installation des gesamten Systems legt Gerda ihrem Geschäftsführer die Protokolle der unterbrechungsfreien Stromversorgung kommentarlos vor. Grinsend beobachtet sie, wie ihm die Gesichtszüge leicht entgleisen und er erschrocken ausruft: „Oh, das ist ja schlimm, der Server wäre uns um die Ohren geflogen. Wir wären aufgeschmissen gewesen, ohne Ihre USV. Vielen Dank, dass Sie mich überredet haben."

Was ist hier passiert? Gerda, eine reinrassige Maxima, traf auf ihren Chef, der so gar nicht auf ihrer informativen Wellenlänge lag. Ihr Chef schwankte zwischen Traugott und Star und sah weder die Notwendigkeit der USV, noch dass sie seinem Ansehen etwas bringen könnte. In ihren Augen war er höchst uneinsichtig und sie musste unnötig lange mit ihm über die USV diskutieren. Nachdem er nun erkannte, wie recht Gerda mit ihrer Empfehlung hatte und dass sie sogar wahrscheinlich das Unternehmen gerettet hatte, brauchte sie in Zukunft nicht mehr lange zu diskutieren, wenn sie ihm etwas als unbedingt notwendig vorlegte. Gerda genoss das zwar, überlegte jedoch noch eine ganze Weile, wie sie sich die ersten zwei Stunden Diskussion hätte ersparen können.

Max und Maxima gehen gerne davon aus, dass alle anderen Menschen genauso gestrickt sind wie sie. Es ist für sie sehr schwierig, andere Ebenen als die inhaltliche zu sehen und zu akzeptieren. In unserem Beispiel konnte der Chef den für Gerda völlig logischen Inhalt nicht verstehen, er lag jenseits seiner Vorstellungskraft. Erst aus dem Ergebnis sah er, was die Anschaffung dieser USV wirklich bedeutet. Dann erst war sie auch die 800 € wert.

Gerda hätte es geholfen, wenn sie in glühenden Farben ausgemalt hätte, was ohne USV alles passieren kann. Dann hätte sie sich vermutlich 90 % der Diskussionen im ersten Gespräch gespart. Max und Maxima tun sich sehr schwer, die für sie völlig klaren Fakten, vermeintlich unnötig auszuschmücken und in ihren Augen maßlos zu übertreiben: Wo doch alles so schön klar und logisch auf der Hand liegt.

Falls Sie sich selbst Max oder Maxima zuordnen, achten Sie darauf, was Ihr Gegenüber antreiben könnte. Üben Sie in jedem Fall, sich auf die anderen Verhandlungstanzpartner einzustellen, damit Sie mit Ihren inhaltlichen Argumenten nicht verloren gehen. Tatsachen ausführlich und mit Konsequenzen darstellen hat noch lange nichts mit Dampfplauderei zu tun. Als Dampfplauderer gesehen zu werden, ist oft die größte Angst von Max und Maxima. Sie vergessen dabei, dass andere Menschen viel mehr in Emotionen als in Fakten denken, und machen sich damit das Leben selbst schwerer als nötig. Sicher haben Sie schon einmal davon gehört, dass bei Zuhörern von Präsentationen der Inhalt derselben höchstens zur Hälfte Anteil daran hat, welche Schritte oder Entscheidungen anschließend getroffen werden. Der Rest sind Stimme, Sprache bzw. Gestik, Mimik, Haltung und Ausstrahlung. In der Verhandlung ist das Verhältnis zwischen Inhalt und Körpersprache auch ungefähr 50/50, das bedeutet, dass Sie bitte beide Teile gleich beachten – sowohl beim Vorbereiten, als auch in der Verhandlung. Bei Max/Maxima kann es gut sein, dass der inhaltliche Teil schwerer wiegt.

Woran können Sie jetzt diesen Verhandlungstanzpartner – Max und Maxima, die strategischen Gewinnmaximierer – erkennen? Normalerweise wird er sich nicht mit langsamen Walzerschritten vorstellen und so leicht zuordnen lassen. Trotzdem gibt es klare Zeichen, an denen Sie Max und Maxima erkennen können:

*Max/Maxima, die strategischen Gewinnmaximierer*

Sie stehen – innerlich wie äußerlich – für Struktur und das können Sie ihnen auch ansehen. Die Kleidung ist eher schlicht, funktional und konservativ und entspricht selten dem neuesten Modetrend. Korrekte und saubere Kleidung spielt eine große Rolle: Sie werden keine abgerissenen Knöpfe oder Kaffeeflecken auf dem weißen Hemd entdecken. Dasselbe würde Max/Maxima an Ihnen auch auffallen und extremes Missfallen erregen.

Die innere Struktur spiegelt sich im aufgeräumten Schreibtisch und sogar in den Schränken wider – dem **immer** aufgeräumten Schreibtisch und dem **immer** gut sortierten Schrankinhalt! Was mir wie eine nie zu erreichende Wunschvorstellung vorkommt, ist für Max und Maxima die Grundvoraussetzung für gutes Arbeiten und damit auch gute Ergebnisse. Sie brauchen Klarheit – Klarheit wiederum innen und außen – ganz besonders in ihrem Kopf. Adjektive wie „pünktlich", „sortiert", „vorbereitet", „zielorientiert", „strukturiert" und „immer nah an der Sache" sind für Max und Maxima selbstverständliche Eigenschaften.

Egal ob im Projekt, in der Besprechung oder beim Verhandlungstango, sie kommen sofort zum Punkt. Small Talk ist ihnen meist sogar zuwider und allenfalls eine lästige Pflichtübung. Wozu die Zeit mit unsinnigem Geplänkel verschwenden, wenn man auch gleich zur Sache kommen kann und damit schneller wieder an die eigentliche Arbeit gehen kann? Genauso wenig haben sie einen Sinn für Ironie, Sarkasmus oder Wortspielchen – das liegt ihnen nicht nur völlig fern, sondern sie verstehen es zumeist auch gar nicht. Wenn es geht, kommunizieren sie vorrangig schriftlich, da lässt sich die richtige Antwort am besten reiflich überlegt formulieren. Sie haben ein Gedächtnis wie vier Computer und merken sich alles, sowohl Positives, wie auch Negatives. Definitiv wollen sie nicht an der Nase herumgeführt werden und werden sehr ungehalten, wenn sie das bemerken. Falls Sie das also vorhaben, lassen Sie es gleich wieder bzw. heben Sie sich das für andere Tanzpartner auf.

**i** | **Quick-Check: Erkennungsmerkmale Max/Maxima**

| Aussehen | Kommunikation |
|---|---|
| ordentlich – angemessen – zweckmäßig – gedeckte Farben – nie schlampig oder „quietschig" – selten nach den neuesten Trends | am liebsten schriftlich – klar, genau und sachorientiert – hassen Small Talk – wollen nicht unter Druck gesetzt werden |
| **Umgebung** | **Verhandlungswalzer** |
| aufgeräumt – zweckmäßig eingerichtet – strukturiert – alles schnell auffindbar und greifbar – wenig Persönliches – kein Schnickschnack – nichts Kaputtes, keine Zettelansammlungen | Entscheidungen auf der Sachebene – kurz und knackig – lieben gut ausgearbeitete Pro- und Kontralisten – offen für Meinungswechsel bei Veränderung der Sachlage – keine emotionalen Nebensächlichkeiten – „vergessen" gerne mal Kaffee und Kekse |

Im Folgenden finden Sie eine grafische Hilfe, um zu erkennen, mit welchem Tanzpartner Sie verhandeln. Jeder Verhandlungstanzpartner wird durch ein Symbol dargestellt:

*Max und Maxima*     *Domenik und Domenika*

*Star und Stella*     *Traugott und Traudel*

## Wer ist Ihr/e Verhandlungstanzpartner/in?

Akkurate Kleidung, keine auffälligen Farben?

**NEIN   JA**
↓

Händeschütteln ist Formalität,
kein Machtspiel oder Kontaktaufnahme?

**JA   NEIN**
↓

Wenig bis kein Small Talk?
Ironie, Sarkasmus sowie Wortspiele sind ihm/ihr fremd?

**NEIN   JA**
↓

Rein fachliche Gesprächsthemen
oder neutrale Themen, wenig Privates?

**JA   NEIN**
↓

Aufgeräumter Schreibtisch, strukturierte Ablage?
Hang zum Perfektionismus, genervt von Schlampigkeit?

**NEIN   JA**
↓

Ist das Büro funktional, ohne Privates eingerichtet?

**JA   NEIN**
↓

Pünktlich, hält sich an Absprachen?
Immer fair, hält seine Versprechen?

**NEIN   JA**
↓

*Erkennungsgrafik Max und Maxima Teil 1*

Stets gut über Statistiken, Zahlen,
Daten und Fakten informiert?

**NEIN JA**

↓

Arbeitet mit Excel-Sheets, Tabellen,
Grafiken, Diagrammen und Statistiken?

**JA NEIN** ↘

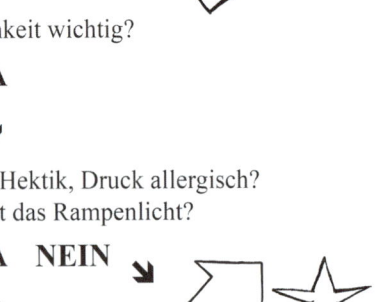
↓

Kommt zügig auf den Punkt und
verlangt dies auch von anderen?

**NEIN JA**

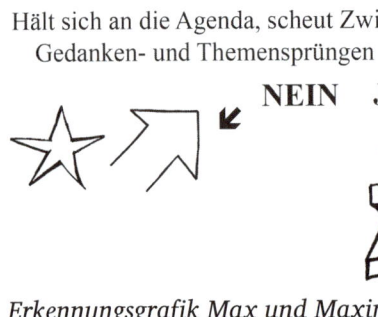
↓

Immer sachlich, wenig emotional,
kein Drang zur Selbstverwirklichung?

**JA NEIN** ↘

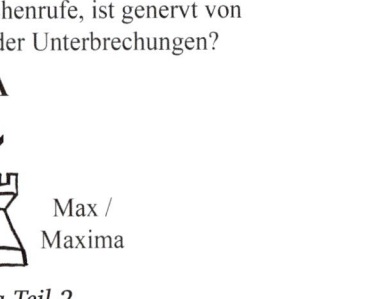
↓

Sind Logik und Übersichtlichkeit wichtig?

**NEIN JA**

↓

Reagiert auf Hektik, Druck allergisch?
Meidet das Rampenlicht?

**JA NEIN** ↘

↓

Hält sich an die Agenda, scheut Zwischenrufe, ist genervt von
Gedanken- und Themensprüngen oder Unterbrechungen?

**NEIN JA**

↓

Max /
Maxima

*Erkennungsgrafik Max und Maxima Teil 2*

Beantworten Sie die Fragen im folgenden Entscheidungsbaum mit Ja, dann kommen Sie automatisch zur jeweils nächsten Frage und mit jedem Schritt zu einem klareren Ergebnis. Ein Nein ist ein Hinweis darauf, dass Ihr Gegenüber einem anderen Verhandlungstanztyp angehört oder zumindest Anteile von einem oder beiden anderen Verhandlungstanzpartnern hat. Mehr zu den Mischformen finden Sie im Kapitel „Mischa und Mascha – die Mischung macht's".

So, jetzt setzen Sie sich an Ihre Kladde und finden Sie fünf bis zehn Menschen in Ihrer beruflichen und privaten Umgebung, die Sie Ihrer Meinung nach Max oder Maxima zuordnen, je mehr, desto besser. Schreiben Sie auf, warum Sie denken, dass Sie es hier mit Max oder Maxima zu tun haben. Tauschen Sie sich mit Freunden und/oder Kollegen aus, ob diese denselben Eindruck haben. Schauen Sie, welche Eigenschaften oder Eigenarten Ihnen am ehesten und leichtesten auffallen. Nach diesen können Sie sich dann auch in Stresssituationen leicht richten. Fehlt nur noch eins: Üben, üben, üben Sie das Ganze so, dass es Ihnen in Fleisch und Blut übergeht. Denken Sie an das 10.000-Mal-auf-die-Windel-Setzen und werden Sie sicher im Erkennen von Max und Maxima.

## Vor dem Verhandlungswalzer mit Max und Maxima

Bei den strategischen Gewinnmaximierern ist Vorbereitung mehr als die halbe Miete. Unvorbereitet werden Sie schon bei den ersten Schritten des Verhandlungswalzers stolpern und sich vermutlich auch bis zum letzten Taktschlag nicht wieder fangen. Denken Sie an das Computerhirn Ihres Gegenübers, es hat ohnehin alle Daten zu Ihnen abrufbar. Deswegen ist es besser, wenn Sie diese Daten auch griffbereit haben. Nutzen Sie die Berechenbarkeit von Max und Maxima. Wenn diese klare Fakten vor sich haben und die Möglichkeit, Ihnen das geforderte Gehalt zu zahlen bzw. mit Ihrer Einschätzung Ihres Wertes übereinstimmen, werden sie dem zustimmen.

Strukturieren Sie sich bereits in der Vorbereitung sehr gut, damit Sie im Gespräch nicht hin und her springen. Das können Max und Maxima nämlich gar nicht leiden. Zur guten Struktur für Ihren Verhandlungswalzer gehört eine Auflistung Ihrer Projekte mit Ihrem persönlichen Anteil und dem Nutzen für Ihren Verhandlungstanzpartner oder das Unternehmen. Listen Sie ruhig in der Vorbereitung alle, wirklich alle Projekte auf. Sortieren Sie diese Projekte nach Wichtigkeit für das Unternehmen und nach dem größtmöglichen Nutzen, den Sie dabei bieten. Das bedeutet nicht, dass Sie alle Projekte erwähnen müssen. Aber Sie sind darauf vorbereitet, je nach Verlauf des Gesprächs die entsprechenden Projekte aus dem Hut zu ziehen, falls es nötig ist.

Stellen Sie die Projekte entsprechend ihrer Priorisierung vor. Vorsicht, auch hier sollte die Struktur der Projektaufzählung klar erkennbar sein und nicht an das Hin- und Herspringen eines jungen Kängurus erinnern. Zusätzlich ist es bei Max und Maxima immer gut, wenn Sie Ihre Stärken und Schwächen parat haben und auf Nachfrage auflisten können. Beachten Sie dabei, dass eine Schwäche immer auch gleichzeitig eine Stärke ist und umgekehrt, wie z. B.: Wer faul ist, ist meistens auch sehr gut organisiert, sonst könnte er sich das Faulsein gar nicht leisten. Oder: Wer besonders schnell ist, ist meist auch schnell ungeduldig. Dazu gibt es bei Domenik/Domenika eine Übung. Wenn Sie Ihrem Gegenüber eine vermeintliche Schwäche direkt als Nutzen darstellen können, wird er sich eher an Sie erinnern, da die wenigsten Menschen diese Kunst beherrschen.

Denken Sie daran, Sie verhandeln mit Max und Maxima: Übertreiben Sie auf keinen Fall. Bleiben Sie immer bei den Tatsachen. Dabei kann Ihnen auch helfen, wenn Sie in der Vorbereitung schon darüber nachdenken, wie Sie Ihre Aussagen mit Beispielen oder Beweisen belegen können. Am besten läuft es bei Max/Maxima, wenn Sie konkrete Zahlen als Beweis anbieten können.

### Katharina, 54, Brand-Marketing-Managerin im Großkonzern

Katharina hatte sich bereits zwei Jahre ohne Gehaltserhöhung vertrösten lassen und jetzt die Nase voll. Ihr Chef, ein reinrassiger Max, hatte sie immer inhaltlich auseinander genommen und ihre leider nicht sehr stichhaltige inhaltliche Argumentation zerpflückt.

Dieses Mal wollte sie ganz sicher gehen. Sie brachte zum Coaching brav alle Unterlagen über ihre Projekte mit und wir gingen alles akribisch durch. Sie hatte dem Unternehmen im letzten Jahr durch ihre Projektarbeit 2,2 Mio € gespart. Na, das sollte doch selbst im Konzern für eine Jahresgehaltssteigerung von 18.000 € reichen.

Zur Vorbereitung ihrer Verhandlung mit ihrem Chef priorisierten wir die Projekte nach Höhe der Einsparung und Höhe ihres persönlichen Anteils daran. Am Ende kristallisierten sich drei

Projekte mit beeindruckenden Einsparungen heraus. Eines dieser Projekte versprach für weitere zwei Jahre Einsparungen in Höhe von jeweils 300.000 €. Diese drei bereiteten wir als Hauptargumente vor und die restlichen 22 Projekte listeten wir zusätzlich in einer Excel-Liste auf.

Ihr Chef war im telefonischen Verhandlungswalzer schnell überzeugt und sagte ihr die gewünschten 18.000 € zu. Leider stellte sich hinterher heraus, dass er wiederum von seinem Chef, einem heftigen Domenik, abgebügelt wurde und Katharina damit nur 10.000 € mehr bekam.

Achten Sie in jedem Fall darauf, wer im Endeffekt entscheidet. Da die 10.000 € unter ihrem Minimalziel lagen, hat sie die Konsequenzen gezogen und sich anderweitig beworben. Bei einem anderen Konzern ist sie dann gleich 30 % höher eingestiegen.

## Verhandlungstango im Großkonzern

Sie sind in einem Großkonzern beschäftigt? Dann beachten Sie bitte, dass die Gehaltsverhandlung dort meist „nur" eine Verkündung ist: Zum einen sind die Prozente der Erhöhung oft mit der Gewerkschaft abgesprochen und somit fix im Tarifvertrag. Zum anderen gibt es drei Schritte, die Sie am besten stetig wiederholen, falls Sie doch etwas mehr herausholen möchten:

1. Leisten Sie Außergewöhnliches und sorgen Sie dafür, dass Ihre Leistungen überdurchschnittlich sind.

2. Seien Sie präsent und sichtbar – immer und überall.

3. Fordern Sie immer wieder und wieder Anerkennung für Ihre Leistungen in Form von Gehaltserhöhungen. Beachten Sie dabei unbedingt, welcher Verhandlungstanzpartner Ihr Gehalt verantwortet, z. B. Max/Maxima würden Sie damit sehr schnell auf den Geist gehen, da reichen ein- bis zweimal.

Bei Großkonzernen ist es im bestehenden Arbeitsverhältnis schwierig, große Sprünge zu machen. Deswegen ist Ihr Einstiegsgehalt in diesem Fall noch wichtiger! Sie kommen sonst nie wieder weg davon, zumindest nicht im selben Konzern. Eine Möglichkeit gibt es doch: Wechseln Sie in einen anderen Bereich und führen Sie dort eine neue sehr gut vorbereitete Verhandlung.

Sie wissen jetzt, was Sie können und was Sie für Ihr Unternehmen wert sind, d. h. welchen Nutzen Sie bringen und welchen Vorteil das Unternehmen damit dazugewinnt. Ein weiterer wichtiger Punkt für Ihre Vorbereitung sind Ihre persönlichen Ziele für diesen Verhandlungswalzer. Sie sollten sehr genau wissen, was Sie in Zahlen wert sind und in welcher Form Sie diesen Wert verlangen wollen.

Bei den strategischen Gewinnmaximierern haben Sie am besten zwei bis drei Rechenbeispiele dabei, wie genau Sie Ihr Verhandlungsergebnis erreichen können: z. B. aufgeteilt in einen fixen und einen variablen Anteil oder als Drei-Stufen-Plan: jetzt, nach der Probezeit und nach einem Jahr. Mögliche, für den Arbeitgeber sozialversicherungsfreie, Alternativen zum Geld sind Tankgutscheine, Weiterbildung, Kinderbetreuung oder Konferenzteilnahmen. Diese Themen sollten Sie ebenso vorbereitet haben, wie Ausgleich durch Verkürzung von Arbeitszeit oder mehr Urlaub. Wichtig ist: dass Sie alle Punkte, die Sie brauchen könnten, ausgearbeitet dabei haben und jederzeit aus dem Hut zaubern können.

Vereinbaren Sie rechtzeitig, d. h., mindestens zehn Tage vor dem Gespräch, schriftlich einen Termin, in dem Sie Ihren Wunsch ankündigen. Reichen Sie am besten kurz vorher die Inhalte schriftlich ein. Max und Maxima bereiten sich gern auf das Gespräch vor und werden Ihnen dankbar dafür sein.

Stellen Sie sicher, dass Sie pünktlich zum Termin erscheinen bzw. den Termin rechtzeitig und nur aus sehr gutem Grund verschieben. Prüfen Sie vorher, in welcher emotionalen Lage Sie sich befinden. Falls diese extrem positiv oder negativ ausschlägt, reagieren Sie sich ab, damit Sie im Gespräch bei der Sache sind und nicht von Ihren Emotionen abgelenkt werden – dafür haben Max und Maxima nämlich wenig Verständnis. Wenn Sie das alles beherzigt haben, kann Ihnen während des Verhandlungswalzers mit Max und Maxima schon fast nichts mehr passieren.

## Während des Verhandlungswalzers mit Max und Maxima

Es geht um die reinen Fakten. Lassen Sie also den üblichen Small Talk am Anfang gleich mal sein. Wenn Sie selbst Max oder Maxima sind, wird Ihnen das leichtfallen. Falls Sie selbst ein anderer Verhandlungstanzpartner sind, kann es Sie sogar Überwindung kosten, direkt mit den Fakten einzusteigen. Möglicherweise empfinden Sie das als unhöflich. Dann üben Sie das bitte vorher ausreichend. „Ausreichend" bedeutet in diesem Fall, so lange, bis es Ihnen leichtfällt, egal, ob das zwei-, drei-, fünfzig- oder hundertmal bedeutet. Ihre persönliche Übungsfrequenz kann sich generell sehr von anderen unterscheiden. Nehmen Sie sich Zeit und finden Sie heraus, welche Übungen und welche Wiederholungsfrequenzen Ihnen am besten helfen.

Sie haben Ihrem Gegenüber vorab eine Agenda geschickt, das hoffe ich zumindest für Sie. Jetzt ist es sehr wichtig, dass Sie diese auch einhalten. Falls Sie unbewusst zu springen anfangen, können Sie das an der gerunzelten Stirn Ihres Gegenübers erkennen. Trauen Sie sich dann ruhig zu fragen, was der Grund des Stirnrunzelns ist. Max und Maxima werden Ihnen eine ehrliche Antwort geben und Sie können mit der richtigen Antwort das Stirnrunzeln auflösen und an diesem Punkt mit Ihren Fakten weitermachen.

## Soforthilfe – direkte Klärung von Ungereimtheiten!

Nutzen Sie die Sachlichkeit von Max und Maxima, um mögliche Fehler, Unstimmigkeiten oder Missverständnisse sofort auszubügeln. Sprechen Sie es direkt und sachlich an, bleiben Sie dabei bei sich und vermeiden Sie Angriffe bzw. Unterstellungen. Bieten Sie Lösungen und Alternativen an, wenn es welche gibt. Bleiben Sie ehrlich, reden Sie sich nicht heraus und stehen Sie zu möglichen Fehlern. Fragen Sie am Ende der Klärung auf jeden Fall ab, ob die Ungereimtheit beseitigt ist. Sie haben den Vorteil, dass bei Max und Maxima abgehakt auch wirklich abgehakt bedeutet. Wenn Sie eine Sache aufgedeckt, erklärt und gelöst haben, wird nur das Ergebnis einen Einfluss auf das weitere Gespräch haben, nicht die Ungereimtheit selbst, da sie in den Augen von Max und Maxima nicht mehr für das Ergebnis relevant ist.

In einer typischen Geldverhandlung wird es im ersten Teil des Gesprächs vermutlich um Ihre Leistungen und Fähigkeiten gehen. Listen Sie diese nach Wichtigkeit auf und achten Sie auf einen möglichen fragenden Gesichtsausdruck Ihres Gegenübers, um eventuelle Zusatzinformationen zu geben.

Achten Sie darauf, dass Sie neben Ihren Leistungen und Fähigkeiten immer eine direkte Verbindung zu Ihrem Nutzen für das Unternehmen hergestellt haben. Greifen Sie dabei auf Ihre vorbereiteten Listen zurück und entscheiden Sie, was Sie einbringen und was eher nicht. Bei den strategischen Gewinnmaximierern ist es meist besser, die vollständige Liste anzubringen, weil es ihnen besonders wichtig ist, einen Gesamtüberblick zu erhalten. Ausnahme: Sie haben nur begrenzt Zeit zur Verfügung, dann beschränken Sie sich auf die in diesem Moment wichtigsten Argumente und Auflistungen. Weisen Sie am Ende darauf hin, dass es bei Bedarf und größerem zeitlichen Rahmen noch weitere Punkte gibt.

Wenn Sie am Ende dieses Gesprächsteils angekommen sind, fragen Sie unbedingt nach, ob es noch offene Punkte gibt. Stellen Sie sicher, dass dieser Teil des Verhandlungswalzers mit einem zufriedenstellenden Ergebnis für Ihren Verhandlungstanzpartner abgeschlossen ist. Eventuell kann es Ihnen helfen, wenn Sie sich dieses Ergebnis von Ihrem Gegenüber zusammenfassen lassen. Dann sehen Sie auch unmittelbar, woran Sie bei ihm oder ihr sind. Außerdem wissen Sie, was er oder sie über Ihre Leistungen und Fähigkeiten denkt.

Im Anschluss an die Besprechung Ihrer Leistungen und Fähigkeiten werden Max und Maxima entweder selbstständig auf das Thema Geld zu sprechen kommen oder darauf warten, dass Sie es tun. Für diesen Verhandlungstanzpartner ist Geld oft nur ein simples Rechenbeispiel ohne weiter reichende Bedeutung, zumindest ohne Machtinterpretationen. Leistung = Geld pro Monat. Damit hat sich die Sache.

Deswegen greifen Sie auch hier auf Ihre hervorragende Vorbereitung zurück und präsentieren den strategischen Gewinnmaximierern einen Vorschlag, den sie idealerweise nicht ausschlagen können, weil er nachvollziehbar und stimmig ist. Möglich sind auch mehrere Alternativideen, von denen sich Max und Maxima die beste aussuchen bzw. abwägen können, welche Ihren Leistungen am ehesten entspricht. Bieten Sie z. B. den oben erwähnten Drei-Stufen-Plan an. Dann haben Sie sich auch gleich zwei Verhandlungswalzer gespart, was Max und Maxima übrigens sehr entgegenkommt.

Vermeiden Sie Überraschungen und unerwartete Wendungen im Gespräch. Bleiben Sie immer sachlich. Setzen Sie Max und Maxima um Himmels willen nie, und zwar gar nie unter Druck. Wenn Sie drohen, „Ich gehe, wenn ich nicht mehr Geld bekomme!", werden Sie allenfalls ein Lächeln kassieren und einen völlig emotionslosen Satz wie zum Beispiel: „Wenn Sie gehen wollen, werde ich Sie nicht aufhalten" oder „Dann gehen Sie, ich lasse Ihre Unterlagen vorbereiten". Sachliche Entscheidungsfreiheit ist eines der höchsten Güter für Max und Maxima. Wenn ihnen durch Druckaufbau die benötigte Zeit für eine Entscheidung genommen wird, werden sie sich immer gegen den oder das entscheiden, was den Druck hervorruft. Leider auch dann, wenn es vielleicht die falsche Entscheidung ist.

Deswegen ist es extrem wichtig, dass Sie während des Verhandlungswalzers keine Drohungen aussprechen. Wenn Sie das Gefühl haben, dass Max und Maxima sich bedroht fühlen oder sie es gar ansprechen: „Wollen Sie mir drohen?", verneinen Sie dies. Verweisen Sie dabei darauf, dass für Sie das Ergebnis dieser speziellen Gleichen „Leistung = Geld" nicht stimmt. Fragen Sie, was Ihr Gegenüber verlangt, damit sich das Ergebnis Ihren Wünschen annähert. Legen Sie gemeinsam Ziele für zukünftige Ergebnisermittlungen fest, am besten messbare. Achten Sie dabei darauf, dass Sie das Erreichen dieser Ziele selbst beeinflussen können.

Vereinbaren Sie zum Ende des Gesprächs in jedem Fall die weitere Vorgehensweise. Was ist zu tun? Wann sprechen Sie wieder? Lassen Sie sich die Erwartungen Ihres Gegenübers noch einmal in den wichtigsten drei Punkten zusammenfassen. Fragen Sie inhaltlich nach, wenn Ihnen etwas nicht klar ist. Widersprechen Sie, wenn Ihnen etwas unlogisch erscheint. Weisen Sie darauf hin, wenn ein Ziel nicht erreichbar ist, immer mit einer logischen Erklärung natürlich. Mit Max und Maxima können Sie hart in der Sache und stundenlang diskutieren, Hauptsache, das Ergebnis ist glasklar und Sie können beide damit leben.

## Nach dem Verhandlungswalzer mit Max und Maxima

Max und Maxima sind die einzigen Verhandlungstanzpartner, bei denen jeder Verhandlungswalzer ein gänzlich neuer ist. Die Ergebnisse der vorherigen Verhandlungen spielen nur auf der sachlichen Ebene eine Rolle. Hier besteht tatsächlich immer eine Fifty-fifty-Chance, dass Sie Ihr Verhandlungsziel erreichen.

Kommen wir zurück auf die Berechenbarkeit von Max und Maxima: Auch nach der Verhandlung sollte Ihre Vorgehensweise klar strukturiert, zeitnah und sachorientiert sein. Nachdem Sie hoffentlich während der Verhandlung gefragt haben, was Sie besser machen können bzw. was Sie ändern müssten, haben Sie bereits die Antwort auf die nötigen Maßnahmen für das nächste Mal. Setzen Sie diese so schnell wie möglich um.

Ganz oft wird es die Vorbereitung sein, vielmehr die fehlende Vorbereitung, die Ihnen bei den strategischen Gewinnmaximierern in den Rücken fällt. Es kann gut sein, dass Sie in der Auflistung Ihrer Leistungen unklar waren oder in der Formulierung Ihres Wunschziels nicht konkret genug. Beides lässt sich durch bessere Vorbereitung ausmerzen und durch Übungen fürs nächste Mal richtig und ausgiebig beleuchten.

Die schriftliche Nachbereitung des Verhandlungswalzers ist enorm wichtig, sozusagen als erster Schritt für die bessere Vorbereitung für den nächsten Termin. Bei Max und Maxima ist am wichtigsten, dass Sie alle sachlichen Details notieren, damit Sie sich auch daran erinnern können.

Max und Maxima sind meines Erachtens die einfachsten Verhandlungstanzpartner: Absolut berechenbar, sachlich und gut strukturiert. Das allerdings verlangen sie auch von ihrem Gegenüber. Argumentieren Sie sachlich richtig und nachvollziehbar.

Diese sehr fairen Verhandlungspartner wollen sich nichts selbst zusammensuchen, sondern die Entscheidungskriterien auf dem Silbertablett und in einer sinnvoll strukturierten Reihenfolge präsentiert bekommen. Dann kommen sie leichter und schneller zu der von Ihnen gewünschten Entscheidung. Vorsicht: Max und Maxima sind überdurchschnittlich gut informiert und lassen sich nicht verschaukeln.

## Domenik/Domenika spielen mit der Macht des Tangos

„The tango is a direct expression of something that poets have often tried to state in words: the belief that a fight may be a celebration." (Jorge Luis Borges)

Die Spannung steigt und steigt ins Unermessliche. Nicht umsonst ist Tango der Tanz der Wahl von Domenik und Domenika. Tempowechsel, kraftvolle lang gezogene Schritte, elegante Posen, schwungvolle Drehungen, kunstvolle Schnörkel und die typischen zackigen Kopfbewegungen zeigen die Charakterstärke dieser Tänzer ab dem ersten Betreten der Fläche. Der Körper ist unter Spannung, ihre Haltung ist wachsam, stark und auf alles gefasst. Mit den Augen können sie von einer Sekunde auf die andere verführen oder töten. Verhandlungstango mit Domenik und Domenika, den ultimativen Powerpaketen, steht für Machtdemonstrationen, Fressen und Gefressenwerden, Ausreizen bis zum Anschlag, Spielchen spielen und Fordern bis weit über die Leistungsgrenze.

Sie stehen aber auch für Unmögliches-möglich-Machen, wahnwitzige und gerade deswegen erfolgreiche Aktionen, dauerhafte Höchstleistungen, unglaubliche Präsenz und bissfestes Durchsetzen. Sie haben in jedem Fall Spaß und Leidenschaft an der Sache, egal, ob es um das Machtspiel an sich, das Gewinnen von Projekten, die eigene Inszenierung oder den Verhandlungstango geht. Sie sehen das ganze Leben als sportliche Herausforderung.

Leider bleibt dabei die Fairness hin und wieder auf der Strecke. Selbst das sprichwörtliche „über Leichen gehen" kann hier schon mal vorkommen und wird allenfalls als Kollateralschaden gesehen. Domenik/Domenika stellen an sich selbst und selbstverständlich auch an alle anderen extrem hohe Ansprüche und werden diesen Ansprüchen durch ihr dauerhaft unglaublich hohes Energielevel auch gerecht. Sie sind immer fit wie drei Paar nagelneue Turnschuhe.

Deswegen sollten Sie, wenn Sie mit Domenik und Domenika in den Verhandlungstango-Ring steigen, in jedem Fall seelisch, geistig, moralisch und vor allem gesundheitlich topfit sein. Nur so werden Sie es schaffen, eine ähnlich gute Präsenz an den Tag zu legen wie Ihr Verhandlungstanzpartner. Kennen Sie diese Comics, in denen einer den anderen anschreit und dem die Haare waagerecht nach hinten stehen? Es wär super, wenn Sie nach so einem sprachlichen Ansturm ganz locker und unbeeindruckt sagen können: „War was? Wie genau haben Sie das jetzt gemeint? Was bedeutet es für das Projekt?" Dann hätten Sie schon mal eine Schippe Respekt von Domenik und Domenika gewonnen.

Vorsicht, manchmal tarnen sich die ultimativen Powerpakete als väterlicher Mentor, so nach dem Motto: Ich will ja nur Ihr Bestes. Das wollen die auch wirklich, allerdings im doppelten Sinn: Zum einen wollen sie Ihre beste Leistung immer und überall, zum anderen wollen sie das beste Ergebnis, und zwar genau so, wie sie es sich vorstellen. Alles soll definitiv genau nach ihrer Nase laufen, und zwar zu 100 %. Bei den Extremvarianten von Domenik und Domenika sollten Sie deshalb auf jeden Fall das Wort „Nein" fließend beherrschen.

Beachten Sie dabei: „Nein" ist ein ganzer Satz! Streichen Sie vor allem bei diesen Verhandlungstanzpartnern Erklärungen und Rechtfertigungen. Auf das Nein gehe ich dann im Kapitel „Was tun bei einem Korb?" noch näher ein.

Das Gute an diesen Verhandlungstänzern ist, dass sie wandelnde Energiebündel sind und auch bzw. gerade unter Druck so gut wie alles nicht nur hinbekommen, sondern hervorragend performen. Die Herausforderung kann gar nicht groß genug sein. Wenn es richtig knifflig wird, laufen sie zu Hochform auf und reißen dann auch alle mit in ihrem Energiestrom. Da ist schon mal der ein oder andere die Karriereleiter hinaufgepurzelt, weil er zum richtigen Zeitpunkt an der Seite eines richtigen Powerpakets unterwegs war. Ihre Sichtbarkeit ist legendär und wenn sie Sie akzeptieren, am besten auf Augenhöhe, dann ist das – wie wir in Bayern sagen – „a gmahde Wiesn" (eine gemähte Wiese). Bis dahin – zur Augenhöhe – ist es allerdings mitunter ein weiter Weg. Wenn Sie öfter mit Domenik und Domenika zu tun haben, sollten Sie sich auf jeden Fall mit dem Thema Schlagfertigkeit auseinandersetzen.

### Petra 32, PR-Beraterin

Verzeihen Sie mir bitte jetzt schon meine Wortwahl in diesem Beispiel, es ist ein Originalzitat, sonst würde ich das natürlich nie – und schon gar nicht schriftlich – von mir geben.

Petra lernte ich auf einer Messe kennen, und abends beim Prosecco auf der Messeparty erzählte sie mir, das wäre ja alles schön und gut, was ich da mache, aber gegen ihre Chefin sei kein Kraut gewachsen: Sie bügle einen nieder, bevor man überhaupt Luft geholt hat und sei in Besprechungen zu laufenden Projekten nicht nur unsachlich, sondern auch unflätig. Ich fragte ein bisschen genauer nach und war ehrlich schockiert über die Art und Weise, wie ihre Chefin mit ihren Mitarbeitern umging – ein besonders unangenehmes Exemplar der Gattung Domenika! Das Wort Sch…, zu dem meine Mutter mir als Kind immer sagte: „Was andere nicht mal in die Hand nehmen, nimmst du in den Mund. Igitt!" ist scheinbar ein Grundbestandteil der Sprache dieser – wir nennen sie der Einfachheit halber – Domenika. Ich bin schier vom Glauben abgefallen. So was gibts wirklich? Nachdem ich mich von diesen durchaus drastischen Erzählungen erholt hatte, sagte ich zu Petra: „Okay, da können wir schon was tun. Es geht hier um Grenzensetzen und elegante Schlagfertigkeit, und die lässt sich trainieren. Jeder hat seine eigene Art und kann in genau dieser schlagfertig sein. Und eines garantiere ich dir: Wenn du mit mir fertigwirst, wirst du danach auch mit Domenika fertig."

Gesagt, getan, ich schickte Petra mit der Hausaufgabe, so viele Killerphrasen (siehe Kapitel „Autsch, mein Fuß! – Dein Tanzbereich, mein Tanzbereich") wie möglich von ihrer Chefin zu sammeln und auch ihre Kollegen danach auszufragen. So hatten wir eine gute Übungsgrundlage fürs Coaching. Zu dem unten stehenden Originalzitat wäre zugegebenermaßen selbst mir nicht auf Anhieb etwas wirklich Gutes eingefallen. Wir haben dann ein paar Gedankenspielchen betrieben und sind auf eine sehr sachliche Antwort gekommen. Das ist meist die beste Variante, auf eine Killerphrase zu reagieren. Sie strahlen Ihr Gegenüber an und setzen durch eine wunderbar sachlich schlagfertige Antwort eine sehr deutliche Grenze, mit der Sie ganz klar aussagen: „Hier ist die Grenze – wenn Zeh drüber, dann Zeh ab!"

Petra ging am nächsten Tag in ihr Gehaltsgespräch und ihre Chefin schlug schon im ersten Teil, in dem es um die Ziele und Projekte ging, verbal um sich. Petra atmete bewusst mehrfach ein und aus und blieb erstaunlich ruhig. Das führte dazu, dass Domenika auch ruhiger wurde und Petra sich entspannte. Dann ging es ans Geld und wie ein Uhrwerk schoss Domenika zielsicher: „Was? Sie wollen schon wieder mehr Geld? Sie haben wohl den A... offen!"

Petra grinste bereits innerlich und freute sich, dass sie ihre mindestens 54-mal geübte Antwort ganz locker anbringen konnte: „Ja, das habe ich, das ist beim Menschen anatomisch so vorgesehen." Ihre Chefin starrte sie an ... Petra verkniff sich den Nachsatz, dass das außerdem sogar lebensnotwendig sei. Das ist die zweite Kunst nach der coolen Antwort: anschließend die Klappe zu halten und das Gesicht des Gegenübers bzw. die Stille auszuhalten. Auch diese Kunst bedarf einiger Übung.

Nachdem sich ihre Chefin wieder gefangen hatte, waren die Fronten geklärt und sie benutzte nie wieder Kraftausdrücke gegenüber Petra. Und was war mit dem Gehalt? Petra wurde jetzt erst wirklich von ihrer Chefin wahrgenommen und konnte somit auf Augenhöhe argumentieren. Die Diskussion war hart und heftig.

Petra hielt ihrer Chefin weiterhin stand, blieb ruhig und setzte die gewünschte Erhöhung in dieser Runde erfolgreich durch. Auch nach der Verhandlung brachte ihr ihre Chefin wesentlich mehr Respekt entgegen.

An diesem zugegeben krassen Beispiel sehen Sie eine extreme Ausprägung dieses Verhandlungstanzpartners. Leider gibt es diese Spezies als Chefinnen und Chefs sehr oft und dank ihres narzisstischen Einflusses sind sie auf der Karriereleiter eher auf den oberen Sprossen zu finden.

Deswegen gehört zur richtig guten bzw. schlagfertigen Antwort auch immer noch eine große Portion Mut: Diesen „wuchtigen" Typen überhaupt – ohne Zurückzucken – Stand zu halten und diese coole Antwort dann wirklich auszusprechen. Wie oft – seien Sie ganz ehrlich – haben Sie eine wirklich gute Antwort auf der Zunge gehabt und sich nicht getraut, sie auszusprechen? Trauen Sie sich am besten ab sofort mindestens dreimal so oft wie sonst. Im schlimmsten Fall können Sie sich immer noch ehrlich entschuldigen, wenn Sie vor lauter Begeisterung komplett übers Ziel hinausgeschossen sind.

### Mit Witz und Eleganz zu Ihrem Schutz – schlagfertig in zwölf Schritten

1. Sammeln Sie so viele Aussagen wie irgend möglich, mit denen Sie schon einmal konfrontiert waren und auf die Sie keine Antwort gefunden haben.

2. Fragen Sie Freunde, Kollegen, Bekannte und Verwandte nach ihren Erlebnissen in Sachen Schlagfertigkeit und sammeln Sie von diesen wiederum so viele Aussagen wie irgend möglich.

3. Setzen Sie sich in einer Runde von zwei bis vier Personen zusammen und schreiben Sie jede der gesammelten Aussagen auf je einen Zettel.

4. Sortieren Sie die doppelten Aussagen aus.

5. Jeder nimmt jetzt einen dieser Zettel, schreibt darunter eine mögliche witzige oder schlagfertige Antwort auf, knickt den Zettel um und reicht diesen nach links weiter.

6. Wiederholen Sie diesen Schritt so lange, bis jeder zu jeder Aussage mindestens eine Antwort gefunden und aufgeschrieben hat.

7. Sammeln Sie alle Zettel in der Mitte, ziehen Sie reihum jeweils einen und lesen Sie ihn von oben nach unten vor. Lachen ist dabei durchaus erlaubt.

8. Streichen Sie die witzigsten Antworten mit einem Leuchtstift an.

9. Falls es keine Antwort gibt, suchen Sie noch einmal gemeinsam danach.

10. Finden Sie gemeinsam noch witzigere Antworten.

11. Spielen Sie diese Szenen mit den guten Antworten mehrfach durch.

12. Trauen Sie sich, die gefundenen Antworten im echten Leben anzuwenden.

Genau darum geht es in so einer Schlagfertigkeits-Übungssession: Wilde Ideen haben, komplett übers Ziel hinausschießen, alles aussprechen, was wir uns im tatsächlichen Gespräch niemals nie nicht trauen.

Ich stelle dann oft die Frage: „Was würden Sie sagen, wenn es nichts zu verlieren gäbe oder wenn Sie keine Angst hätten?" Oft ist genau diese Antwort die absolut passendste. Trauen Sie sich! Und wenn es gar nicht rauswill aus Ihnen, blättern Sie voraus ins nächste Kapitel „Aufforderung zum Verhandlungstanz". Dort gibt es eine Übung zum Thema vermeintlicher Regeln. Überprüfen Sie, was genau oder vielmehr welche Regel Sie davon abhält.

## Der ultimative Schlagfertigkeits-Übungstipp ✔

Sie kennen alle diese Situationen, in denen uns partout nichts einfällt. Fünf Minuten später oder am nächsten Tag unter der Dusche erscheint uns die supercoole Antwort völlig logisch. Wie oft haben Sie sich darüber schon entsetzlich geärgert? Und was haben Sie bis jetzt mit dieser supercoolen Antwort, die Ihnen erschienen ist, gemacht? Nichts wahrscheinlich, oder? Wollen Sie es dabei belassen? Wenn ja, überspringen Sie die nächsten Absätze. Wenn nein, setzen Sie den ultimativen Schlagfertigkeits-Übungstipp sofort um:

Kaufen Sie sich eine eigene Schlagfertigkeitskladde. Schreiben Sie die Situationen, in denen Ihnen nichts eingefallen ist, so genau wie möglich auf. Und so schnell wie möglich, denn unser Gehirn verändert unsere Erinnerung schon nach 15 Minuten lustig vor sich hin.

Lassen Sie die zweite Seite leer.

Wenn Ihnen etwas Gutes, Lustiges, Elegantes einfällt, schreiben Sie es mit einer anderen Farbe auf die jeweilige gegenüberliegende leere Seite.

Lesen Sie die neue Situation immer wieder durch, oder noch besser, spielen Sie diese mit Ihnen wohlgesinnten Menschen durch und lachen Sie viel dabei. Ihr Gehirn wird lernen, schneller zu reagieren. Ihnen wird immer öfter zum richtigen Zeitpunkt das Richtige einfallen.

Wahrscheinlich werden Sie es deutlich spüren und damit auch intuitiv erkennen, wenn Sie Domenik oder Domenika vor sich haben. Die strahlen neben ihrer Präsenz auch Macht aus. Wenn die was sagen, wird das gehört, und wenn sie einen Raum betreten, drehen sich alle zur Tür. Das passiert nahezu automatisch. Statt einfach hereinzukommen, erscheinen sie förmlich. Beobachten Sie sich mal selbst – wie reagieren Sie bewusst oder unbewusst – wenn so charismatische Menschen einen Raum betreten. Wie bemerken Sie es? Was passiert da in Ihnen drinnen?

*Domenik und Domenika, die ultimativen Powerpakete*

Die ultimativen Powerpakete strahlen mit jeder Pore aus, dass sie wissen, wo es langgeht. Für sich selbst und selbstverständlich auch für alle anderen, das Projekt, das Unternehmen und den Weltfrieden! Da zeigt sich übrigens auch gleich die positivste Variante von Domenik und Domenika: die Visionäre, die alle mit unerschütterlichem Glauben, unerschöpflicher Energie und tief emotional mitreißen und außerdem alles, was sie anfassen, zu Gold bzw. zum Erfolg machen. Sie gehen den einzigen in ihren Augen richtigen Weg strammen Schrittes voran und die meisten Menschen folgen nahezu automatisch. Wenn Sie selbst zu den ultimativen Powerpaketen zählen, kann es gut sein, dass es kräftig knallt, wenn Sie auf ein anderes Exemplar dieser – Ihrer eigenen – Spezies treffen. Allerdings ist es sehr wahrscheinlich, dass nach diesem kräftigen Knall eine sehr erfolgreiche und produktive Zusammenarbeit auf Augenhöhe entsteht. „Augenhöhe" ist das Stichwort bei diesem Verhandlungstanzpartner. Bevor Sie sich nicht den Respekt von Domenik und Domenika verdient haben, werden Sie gerne auch mal von diesen übersehen. Aufmerksamkeit bekommen Sie nur, wenn Sie es in deren Augen auch verdient haben. „Verdienen" bedeutet in diesem Zusammenhang vor allem: Rückgrat beweisen, schnell im Kopf sein und mit Umsetzungsstärke überzeugen.

Zeigen Sie, dass Sie einen zweiten, dritten, vierten Blick in jedem Fall wert sind. Domenik und Domenika wollen ebenbürtige Gegner, keine Opfer – also niemanden, der den Kopf einzieht!

Da sind wir wieder beim Tango: Haben Sie einmal einem Tanzpaar zugesehen, das völlig im Tango versunken ist und die Welt um sich herum komplett vergessen hat? Entweder, die beiden schauen sich so tief in die Augen, dass Sie diese Verbindung fast greifen können oder sie sind so durch ihre Energie verbunden, dass sie nahezu automatisch und vor allem von außen betrachtet sehr leicht miteinander agieren und aufeinander reagieren. Zug und Druck im richtigen Maß sind entscheidend, damit das Ganze spielerisch wirkt. Druck ohne Gegendruck geht übrigens ins Leere, das ist bei vielen Tanzpaaren, bei denen die Dame einen „Kaugummi-Arm" hat, deutlich zu sehen. Da ist selbst für den besten Herren nahezu keine Führung möglich. Zugegeben, bei manchen Paaren sieht das Tanzen eher nach Nahkampf aus als nach Spaß, und auch diese Parallele zum Verhandlungstango ist nicht von der Hand zu weisen.

Neben dem dominanten Auftreten erkennen Sie die ultimativen Powerpakete an der Kleidung und ihrem Umfeld: Bei der Kleidung handelt es sich meistens um teure Marken und das Preisschild wird – sinnbildlich – oft außen getragen. Generell haben es Domenik und Domenika gerne protzig und Statussymbole sind ihnen wichtig. Sie zeigen ihre Macht gern in allem, was sie haben. Dazu gehören der beste Parkplatz sowie das dazugehörige dicke Auto genauso wie das Eckbüro mit der besten Aussicht und einer ausladenden Besprechungsecke. Sie lassen keine Gelegenheit aus, ihre Macht zu demonstrieren, sei es durch Taten oder diverse Machtsymbole in ihrer Umgebung.

Ihre Körpersprache ist klar, wegweisend und fast immer dominant. Sie ignorieren im Gespräch gerne mal die persönliche Wohlfühlgrenze ihres Gegenübers und kommen einem zu nahe. Sie werden lauter, wenn etwas nicht nach ihrem Kopf geht. Ja, sie neigen sogar dazu, sehr schnell Drohungen auszusprechen und diese mit den entsprechenden Drohgebärden zu untermalen. Je nach Ausprägung des ultimativen Powerpakets geht das von leeren bis zu bitter ernst gemeinten Drohungen. Es kann sein, dass sie die tatsächliche Durchführung der Drohung von langer Hand geplant haben, und sie sind definitiv bereit, es bis zum bitteren Ende durchzuziehen. Ausredenlassen ist definitiv nicht ihre Stärke. Sie leben oft nach der Champignon-Theorie: Streckt jemand den Kopf zu weit raus – ist der Kopf ab!

In Diskussionen oder Verhandlungen sind sie Wortführer, lassen sich nur ungern unterbrechen und vertreten ihre Meinung sehr deutlich. Wenn ihnen etwas nicht passt, kann der nächste Schlag schon mal unter die Gürtellinie gehen. Domenik und Domenika sind Spezialisten darin, Ihre Achillesferse zu erkennen und wenn nötig zu verletzen. Viele Menschen ziehen in ihrer Gegenwart automatisch den Kopf ein, machen einen mittelgroßen Schritt rückwärts oder sagen sicherheitshalber nichts mehr. Wenn Sie diesen inneren Drang verspüren, dann haben Sie vermutlich ein ausgeprägtes Exemplar der Gattung Domenik und Domenika vor sich. Unter dem Punkt „Während des Verhandlungstangos mit Domenik/Domenika" und beim Thema Killerphrasen gibt es jede Menge Tipps, wie Sie sich dann verhalten können und vor allem, wie Sie Ihren ganz persönlichen Reaktionsweg finden. Nur Mut, hinter dem Brüllaffen verbergen sich bei Domenik und Domenika auch nur Menschen mit Stärken und Schwächen, Zweifeln und sogar Ängsten. Sie können es nur wahnsinnig gut verstecken, vor allem die letzten beiden Gefühle.

**i** **Quick-Check: Erkennungsmerkmale Domenik/Domenika**

| Aussehen | Kommunikation |
|---|---|
| gepflegtes Aussehen – Markenklamotten – Designerlogo – Rolex und andere Statussymbole – majestätische Haltung | klar – deutlich – sehr energetisch – hohes Tempo – nehmen sich wichtig – schlechte Delegierer – abschätzender Blick – Befehlston – Schulterklopfen – provokativ – Entscheidungsträger – keine Rücksicht auf Verluste |
| **Umgebung** | **Verhandlungstango** |
| Bestlage des Büros – von allem das Beste – Statussymbole überall, z. B. „güldene" Bilderrahmen | Sportlich, dabei nicht immer fair – treffsichere Achillesfersen-Finder – sehr hohe Ziele für sich und andere |

## Wer ist Ihr/e Verhandlungstanzpartner/in?

Markenklamotten und eher
overdressed statt underdressed?

**NEIN    JA**

Beim Händeschütteln die linke Hand auf Ihren Unterarm,
Handrücken, Schulter? Starker Händedruck?

**JA    NEIN**

Small Talk ist ein Stärkemessen mit dem Gegenüber? Titel, Rang und Position werden genannt?

**NEIN    JA**

Nimmt viel Platz ein, ausgreifende Gesten?
Laute Stimme, manchmal cholerisch?

**JA    NEIN**

Leicht abschätziger Blick oder ich-schau-
durch-dich-durch Blick? Strahlt Macht aus?

**NEIN    JA**

Nicht immer fair, verteilt oft Seitenhiebe? Liebt Wortspiele, Ironie und Sarkasmus? Verwendet Killerphrasen?

**JA    NEIN**

Großes Büro in guter Lage, protzige
Besprechungsecke, Statussymbole

**NEIN    JA**

*Erkennungsgrafik Domenik und Domenika Teil 1*

Durchsetzungsstark, wortgewaltig, entscheidungs-
freudig, übernimmt Verantwortung?

**JA   NEIN** ↘

↓

Ist ein Powerpaket? Hat ein Ziel und
verfolgt dies mit aller Konsequenz?

↙ **NEIN   JA**

↓

Hasst Dilettantismus, braucht Herausforderung?
Klettert die Karriereleiter schnell hinauf?

**JA   NEIN** ↘

↓

Hängt andere gedanklich mit rasantem Tempo ab?
Ungeduldig und schnell beim nächsten Thema?

↙ **NEIN   JA**

↓

Macht im Zweifel die Aufgabe selbst anstatt sie
zu delegieren? Findet Teamarbeitet überbewertet?

**JA   NEIN** ↘

↓

Sieht Hektik und Druck als Herausforderung?
Scheut nicht die Öffentlichkeit?

↙ **NEIN   JA**

↓

Betritt als erster den Raum? Sitzt am Tischende?
Steht in der Mitte von Dreien? Unterschreibt?

**JA   NEIN** ↘

↓

Domenik /
Domenika

*Erkennungsgrafik Domenik und Domenika Teil 2*

So, jetzt setzen Sie sich wieder an Ihre Kladde und finden Sie fünf bis zehn – je mehr, desto besser – Menschen in Ihrer beruflichen und privaten Umgebung, die Sie Ihrer Meinung nach Domenik und Domenika zuordnen. Schreiben Sie auf, warum Sie denken, dass Sie es hier mit Domenik und Domenika zu tun haben. Tauschen Sie sich mit Freunden und/oder Kollegen aus, ob diese denselben Eindruck haben. Schauen Sie, welche Eigenschaften oder Eigenarten dieses Typs Ihnen am ehesten auffallen. Nach denen können Sie sich dann auch in Stresssituationen leicht richten. Fehlt nur noch eines: Üben, üben, üben Sie das Ganze so, dass es Ihnen in Fleisch und Blut übergeht. Denken Sie an das 10.000-Mal-auf-die-Windel-Setzen und werden Sie sicher im Erkennen von Domenik und Domenika.

### Aufmerksamkeit, Präsenz und Energie zu jeder Tages- und Nachtzeit

Egal, ob vor, während oder nach dem Verhandlungstango: Das absolut Wichtigste ist, dass Sie immer voll auf Zack sind. Falls Sie gerade ein Problem persönlicher oder sonstiger Art haben, ist definitiv die beste Variante: Sie lösen es, nehmen schlimmstenfalls frei dafür und sind anschließend wieder mit voller Kraft verfügbar. Mobilisieren Sie alle Kraftreserven, um mit Domenik und Domenika mitzuhalten, egal in welchem Tempo. Seien Sie präsent, reagieren Sie so schnell wie ein gut trainiertes Rennpferd. Nutzen Sie Ihre Chancen, wenn sich welche ergeben ohne Zaudern und Zögern!

## Vor dem Verhandlungstango mit Domenik und Domenika

Vorbereitung ist zwar hier nicht die halbe Miete, dafür die absolute Grundlage. Sorgen Sie dafür, dass Sie vor Ihrer Verhandlung sattelfest in allen anstehenden und nicht anstehenden Themen sind. Das bedeutet, dass Sie bei allen Ihren Projekten – und ich meine bei wirklich allen – auf dem aktuellen Stand sind, eine gute Erklärung für eventuelle Missstände haben bzw. mit voller Inbrunst den Erfolg prophezeien können.

Falls es in einem Ihrer Projekte ein ernsthaftes Problem gibt, sollten Sie das am besten vorher und vor allem unabhängig vom Verhandlungstango, rechtzeitig und mit ein bis vier Lösungsvarianten mit den ultimativen Powerpaketen besprechen. Gehen Sie sicher, dass zwischen diesem Gespräch und Ihrem Verhandlungstango der nötige Abstand besteht und Domenik und Domenika Ihnen nicht dieses Projekt auf die Füße fallen lassen können.

Neben der Vorbereitung Ihrer Projektliste sollten Sie, wie beim Tango, Ihre Schritte so exakt und sicher beherrschen, dass Sie mit allen möglichen Variationen auf die Führung Ihres Verhandlungstanzpartners reagieren können. Schritte können dabei sein: Ihre Stärken und Schwächen zu kennen, wobei Sie bitte, bitte, bitte Ihre Schwächen nie von selbst erwähnen. Wenn Domenik und Domenika Ihnen diese vorwerfen, seien Sie darauf gefasst und haben Sie die entsprechende Stärke – jede Schwäche ist gleichzeitig eine Stärke – in petto. Falls es Gerüchte über Sie oder Anschuldigungen und Zweifel an Ihrer Person gibt, sollten Sie auch hier eine gute Antwort parat haben.

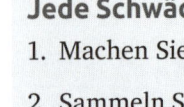

**Jede Schwäche ist eine Stärke – und auch umgekehrt!**

1. Machen Sie sich eine Tabelle mit fünf Spalten.

2. Sammeln Sie in der ersten Spalte der Tabelle erst einmal völlig ungefiltert alle Ihre Stärken und Schwächen, die Ihnen einfallen. Fragen Sie gerne Freunde, Kollegen und Verwandte.

3. Tragen Sie die Stärke/Schwäche in das entsprechende nächste Feld ein, je nachdem, ob es in Ihren Augen eine Stärke oder eine Schwäche ist.

4. Finden Sie das Gegenstück, z. B. „kreativ = chaotisch" oder „ungeduldig = schnell" und tragen es in die entsprechende andere Spalte ein.

5. Überlegen Sie im letzten Schritt, was diese jetzt kombinierte Stärke/Schwäche Ihnen bringt bzw. schadet (siehe Beispiel).

| Stärke/ Schwäche | Stärke | Schwäche | Was brings? | Was schadets? |
|---|---|---|---|---|
| faul | gut organisiert | faul | Freizeit | alles auf den letzten Drücker |
| fix im Kopf | fix im Kopf | schnell gelangweilt | viele Ideen, schneller Durch- und Überblick, schnelle Entscheidungen | manchmal zu fordernd, weil ich denke, jeder ist so |
|  |  |  |  |  |
|  |  |  |  |  |
|  |  |  |  |  |
|  |  |  |  |  |

Diese inhaltlichen Vorbereitungen machen Sie bitte am besten sofort sehr ausführlich und halten sie dann auf dem aktuellen Stand. Da es bei Domenik und Domenika jederzeit zu einem Verhandlungstango kommen kann, wenn denen das gefällt, sind Sie am besten immer vorbereitet. Das bedeutet, dass Sie entweder ohnehin ein Elefantenhirn haben und sich an alles erinnern, was Sie einmal in Ihre Kladde geschrieben haben. Oder Sie bearbeiten einmal monatlich Ihre Vorbereitungen, aktualisieren diese und beschäftigen sich bei einem guten Kaffee damit, damit Sie jederzeit vorbereitet sind.

Unterschätzen Sie das „fit sein" auf allen Ebenen auf gar keinen Fall! Neben inhaltlicher Fitness achten Sie auf körperliche und vor allem geistige Fitness. Gehen Sie immer wach und gesund in den Verhandlungstango, sonst stehen Domenik und Domenika Ihnen bereits beim ersten Taktschlag volle Kanne auf den Füßen. Und das wahrscheinlich sogar mit Begeisterung! Krank oder angeschlagen stehen Sie weder die Verhandlung durch, noch kommen Sie zu einem vernünftigen oder gar für Sie guten Ergebnis. Sagen Sie also im Zweifel ab bzw. verschieben Sie den Termin.

Übung ist immer ein wichtiges Vorbereitungsthema. Beim Verhandlungstango mit Domenik und Domenika ist die beste Übung das Schlagfertigkeitstraining. Wenn Sie so gut vorbereitet sind, dass Sie sich inhaltlich supersicher fühlen, dann fehlt nur die nötige Lockerheit für schlagfertige Antworten, und das können Sie nie genug üben. Nutzen Sie jede Gelegenheit im Freundeskreis, unter Kollegen, in der Familie, bei der Kinderbetreuung oder im Straßenverkehr. Im Kapitel „Killerphrasen" schenke ich Ihnen noch jede Menge witzige und elegante Antworten, die Sie dann, je nachdem, wie mutig Sie gerade sind, gerne großzügig benutzen dürfen.

### Trotz als Erfolgstrigger

Als ich Informatik studiert habe, waren wir tatsächlich 30 % Mädels im Hörsaal. An einem schönen Morgen im vierten Semester saß ich doch glatt um 8:00 Uhr in der ersten Reihe der Vorlesung über Datensysteme. Wer mich kennt, weiß, dass 8:00 Uhr für mich Körperverletzung ist. Der Professor betrat den Saal, ließ seinen Blick über die Reihen schweifen und sagte: „Guten Morgen, meine Herren. Sagen Sie, wieso haben Sie denn so viele Damen hier? Sagen Sie, meine Damen, warum stehen Sie nicht hinter dem Kochtopf?"

Nach diesem Ausspruch blieb mir nicht nur wegen der frühen Uhrzeit die Spucke weg, ich zweifelte ernsthaft an meinem Gehörgang. Da ich und mein loses Mundwerk uns selbst am frühen Morgen nicht zurückhalten können, entwich mir folgender Satz: „Damit Leute wie Sie keinen solchen Fettwanst vor sich her schieben." Kennen Sie die Stille, die sich immer genau in so einem Moment ausbreitet und Ihre fast geflüsterte Aussage wie einen Donnerschlag im Raum erklingen lässt?

Der Professor starrte mich gefühlte sieben Minuten, wahrscheinlich tatsächlich sieben Sekunden, an und ersparte mir und sich jegliche verbale Reaktion. Allerdings bekam ich am Ende des Semesters bei der Prüfung die Quittung. Während der Prüfung stellte sich selbiger Professor an meinen Tisch und trommelte, wie unabsichtlich, mit den Fingern auf der Tischplatte. Ich wusste mir wieder nur mit sachlicher Schlagfertigkeit zu helfen und sagte: „Oh, Herr Professor, Sie trommeln auf meinem Tisch, Sie merken das wahrscheinlich gar nicht, aber das stört mich. Würden Sie bitte damit aufhören?" Ich erntete wieder einen strafenden Blick und wusste, die Geschichte ist noch nicht zu Ende.

Vier Semester später hatte ich erneut eine Vorlesung bei diesem Professor, blöderweise diesmal mit einer abschließenden mündlichen Prüfung. Mir war völlig klar, was das bedeutete. In der Prüfung war ich wie immer leidlich vorbereitet und der Professor schmiss mich mit Genuss und Karacho durch die Prüfung. Jetzt war mein Trotz geweckt! Und Trotz war schon zur Schulzeit mein bester Antreiber. Ich lernte für die Wiederholungsprüfung so viel, dass mir genau dieser Professor sehr zähneknirschend eine Eins geben musste. Ich hatte aus lauter Trotz so viel Wissen in mich hineingeschaufelt, dass ihm nichts anderes übrig blieb. Selbst jetzt beim Schreiben spüre ich noch genau diesen Triumph, dieses wunderbare Gefühl des Geschafft-Habens.

Wenn Trotz auch einer Ihrer größten inneren Antreiber ist, müssen Sie sich um Domenik und Domenika und den Verhandlungstango keine Gedanken machen. Spätestens in der zweiten Runde werden Sie so angestachelt sein, dass Ihre Vorbereitung jedem Einser-Schüler Konkurrenz macht. Mit dieser Vorbereitung sind Sie so sicher, dass auch die guten Antworten nur so aus Ihnen heraussprudeln.

Falls nicht, ergründen Sie in einer ruhigen Minute, was Sie sonst antreibt. Ein Antreiber kann unter anderem sein: Wunscherfüllung, Wunsch nach Sicherheit, Neid, Geld, Harmonie, eigenes oder fremdes Wohlbefinden oder Freiheit und Autonomie u. v. m. Jeder dieser Antreiber kann Ihnen als Polster für die Vorbereitung des Verhandlungstangos dienen. Holen Sie sich im Zweifel professionelle Unterstützung beim genaueren Herausfinden, was Sie antreibt und wie Sie das nutzbringend im Verhandlungstango einsetzen können.

## Während des Verhandlungstangos mit Domenik und Domenika

### Meine fünf Lieblingstipps

- Sei bereit wie der Panther zum Sprung!

- Gib alles immer und immer und immer wieder! Voller Einsatz!

- Nutze jede Chance!

- Nimm jede Regung deines Gegenübers wahr!

- Bewahre Haltung, egal was passiert!

Einer meiner Turniertanztrainer hat im Gruppentraining gerne gesagt: „Und denkt dran, die Brustwarzen müssen immer lächeln!" Abgesehen davon, dass Sie diesen Satz jetzt nie wieder vergessen, werden Sie merken, dass er Ihnen wirklich zu einer besseren Haltung verhilft und Ihnen das Lächeln auch ins Gesicht zaubert.

### Gute Haltung – lächelnde Brustwarzen

Stehen Sie bitte auf. Stellen Sie sich gerade hin. Am besten betrachten Sie sich im Spiegel oder in einer Fensterscheibe. Wie sehen Sie aus? Stehen Sie gerade?

Kippen Sie Ihr Becken etwas nach vorne, das hilft gegen den Entenpopo. Spannen Sie Ihren Bauch an. Legen Sie Ihre Fingerkuppen auf Ihr Brustbein und drücken diese mit dem Brustbein leicht nach oben. Achten Sie dabei darauf, dass Ihr Hals und Ihr Kopf die Bewegung mitmachen und Sie nicht aussehen wie ein Hühnchen auf dem Weg zur Schlachtbank. Auf gehts. Aufrechte Haltung hilft immer!

Übrigens können Sie Ihre Haltung auch zur Stimmungsaufhellung benutzen oder um ein Stimmungstief zu produzieren. Setzen Sie sich zusammengesunken auf einen Stuhl und Sie werden merken, dass es extrem schwierig wird, gute Laune zu haben. Genauso funktioniert es andersherum: Wenn Sie eine gute Haltung haben, wird es Ihnen schwerfallen, innerlich zusammenzusinken. Meine Oma hat dazu immer gesagt: „Kopf hoch, wenn der Hals auch dreckig ist."

Lassen Sie Ihre Brustwarzen lächeln, damit meine ich: Zeigen Sie innerlich Haltung und grinsen Sie allein durch den Gedanken daran. Das funktioniert übrigens für Männlein und Weiblein, und Ihre Haltung für den Verhandlungstango ist gerettet.

Gerade heute war eine Klientin bei mir, die auf den Satz meines Trainers mit großem Entsetzen, sofortigem Tief-in-die-Strickjacke-Versinken und dem entsetzten Ausruf „Auf gar keinen Fall!" reagierte. Auf meine Nachfrage erklärte sie, dass sie keine weiblichen Attribute zeigen wolle, weil das total peinlich sei.

Ich höre das oft, dass Frauen, gerade Frauen, die einen technischen Beruf haben, ihre Weiblichkeit gerne verstecken. Ich frage mich, warum? Wollen sie nicht gesehen werden? Oder nicht als Frau gesehen werden? Wären diese Frauen lieber eine Maschine, die immer funktioniert und perfekt ist? Dann denke ich wieder: Glücklicherweise muss ich nicht alles verstehen. Ich glaube ja, dass es auf gar keinen Fall hilft, dass Frauen die besseren Männer werden oder sogar bereits sind. Darum geht es gar nicht. Es geht um das Miteinander, darum, die Stärken der Geschlechter bewusst zu nutzen. Nachgewiesenermaßen kamen gemischt geführte Unternehmen wesentlich besser durch die Finanzkrise. Das allein sollte als Grund ausreichen, zu den weiblichen Attributen zu stehen, seien es körperliche, kommunikative oder ganzheitliche Fähigkeiten. Meine lieben Damen, setzen Sie alles ein, was Sie haben! Solange Sie sich dabei wohlfühlen. Ich erlaube es Ihnen jetzt und für immer!

Ihre Haltung ist immens wichtig, bewahren Sie sie, koste es, was es wolle. Und wenn es wirklich gar nicht geht, das mit dem Haltungbewahren, dann explodieren Sie wenigstens anständig. Kennen Sie das, dass Sie so wütend sind, dass Ihnen vor lauter Wut die Tränen kommen? Ich kannte das sehr gut. Einmal habe ich in meiner Verzweiflung mein Gegenüber angeblökt, dass ich übrigens nicht weine, weil ich traurig, sondern weil ich sauwütend bin. Seitdem passiert mir das spannenderweise selten bis gar nicht mehr.

Für den Verhandlungstango mit Domenik und Domenika bedeutet das, wenn die Emotionen hochkochen, lassen Sie sie raus und zwar genau so, wie Sie sie spüren und schlimmstenfalls auch ohne Rücksicht auf Verluste. Wichtig ist, dass Sie dabei das Jammern komplett vermeiden. Sie erinnern sich, Domenik und Domenika wollen Gegner, keine Opfer. Sie testen gerade während der Verhandlung immer wieder und völlig unermüdlich aus, wie weit sie gehen können, wie weit Sie zurückweichen und wie Sie auf Stress oder Druck reagieren.

Setzen Sie Grenzen mit einer schlagfertigen Antwort oder auch einem einfachen Nein. „Nein" ist ein ganzer Satz! Bitte verkneifen Sie sich jegliche Rechtfertigungen und Erklärungen. Damit reden Sie sich bei Domenik und Domenika um Kopf und Kragen. Fühlen Sie sich ertappt? Dann üben Sie das Nein-Sagen bei jeder Gelegenheit. Es gibt später noch ein ganzes Kapitel zu diesem Thema, in dem wir das Nein, den Korb, den Sie verteilen oder bekommen, genauer beleuchten. Wichtig ist jedoch, dass Sie sich während des Verhandlungstangos nicht überrumpeln und zu irgendetwas überreden lassen, das

Sie gar nicht wollen. Sie dürfen sich jederzeit Bedenkzeit erbitten, genauer nachfragen oder einfach Nein sagen. Sie werden erstaunt sein, wie oft ein einfaches Nein, auch ohne Begründung, genau so akzeptiert wird, wie Sie es gesagt haben. Probieren Sie es aus.

**Die beste Antwort auf drängende Fragen oder drängelnde Frager:**

1. „Wenn du jetzt eine Antwort willst, lautet sie Nein."

2. „Wenn dir meine Antwort in drei Tagen reicht, dann wird sie vielleicht ein Ja."

3. „Was wolltest du jetzt noch mal genau wissen? Und wann genau?"

Der „Drängler" weiß jetzt klar, woran er ist, und kann entscheiden, was er wann fragt.

In der Vorgehensweise während des Verhandlungstangos sind Domenik und Domenika leider kaum berechenbar. Es kann sein, dass sie in Hackstimmung sind, d. h. erst einmal auf allen Ihren Versäumnissen, Fehlern und Problemen herumhacken. Es kann genauso sein, dass sie nur die Themen ansprechen, die ihnen persönlich gerade unter den Fingernägeln brennen.

In jedem Fall besprechen Sie auch mit diesem Verhandlungstanzpartner die Fakten: Ihre Projekte, Ihre Erfolge, Ihre Fähigkeiten, Ihre Ziele. Achten Sie dabei besonders darauf, dass Sie die Fakten so darstellen, dass Domenik und Domenika für sich einen persönlichen Nutzen idealerweise sofort erkennen, denn dann werden sie viel eher hinter Ihnen stehen.

Falls die ultimativen Powerpakete das Thema Geld nicht von sich aus ansprechen, was durchaus möglich ist, dann liegt es an Ihnen, diesen Punkt auf die Agenda zu bringen. Bleiben Sie dabei hartnäckig, lassen Sie sich nicht abwimmeln bzw. vertrösten. Domenik und Domenika sind Meister im eleganten Übergehen solcher Forderungen und schaffen es ganz locker, dass Sie es vor lauter wichtigen Fakten am Ende auch vergessen. Bestehen Sie darauf, kehren Sie immer wieder zum Thema zurück und behalten Sie die Führung, indem Sie konkrete Fragen stellen. Ein typischer Domenik-/Domenika-Satz wäre zum Beispiel: „Na, um dieses Gehalt zu bekommen, müssen Sie schon noch eine große Schippe drauflegen." Lassen Sie sich von dieser Killerphrase nicht entmutigen, sondern fragen Sie nach: „Was genau bedeutet die große Schippe? Was erwarten Sie?"

Bekanntermaßen können Sie anderen Menschen nur vor den Kopf schauen – Gedanken lesen ist nach wie vor schwierig. Domenik und Domenika gehen allerdings davon aus, dass Sie gefälligst wissen, was ihre Erwartungen sind und nichts anderes im Kopf haben, als genau diese Erwartungen überzuerfüllen. Überforderung ist allenfalls eine Herausforderung. Wenn Sie nicht rechtzeitig Stopp sagen, werden Ihnen in der Ziel-Besprechungsphase des Verhandlungstangos Aufgaben über Aufgaben aufgebürdet. Dabei wird immer davon ausgegangen, dass Sie die Nacht hinzunehmen können, wenn 24 Stunden am Tag nicht ausreichen.

Das Wichtigste während des Verhandlungstangos bleibt: Greifen Sie nur auf die Aussagen Ihrer Vorbereitung zurück, die Sie wirklich benötigen. Denken Sie immer daran: Das richtige Argument reicht völlig aus! Sie müssen mitnichten alle 43 Argumente, die Sie vorbereitet haben, aussprechen. Im Gegenteil, damit würden Sie Domenik und Domenika deutlich langweilen. Anders als bei Star und Stella, die sich dann einfach abwenden, wächst deren Ungeduld sehr schnell ins Unermessliche und sie werden richtig ungemütlich. Das ist wie bei Kindern: Wenn sie sich langweilen, machen sie Blödsinn. Genauso ist das bei Domenik und Domenika. Es fallen ihnen jede Menge Handlangerarbeiten ein, die sie Ihnen noch auftragen könnten. Ganz sicher bekommen Sie auf diese Weise keinen Respekt von den ultimativen Powerpaketen.

Respekt und Augenhöhe sind das Zweitwichtigste. Zollen Sie Ihrem Gegenüber Respekt und fordern Sie ihn ein! Bleiben Sie aufmerksam und gelassen. Bevor Sie sich um Kopf und Kragen reden, machen Sie eine kurze Rede- bzw. Denkpause. Eine Pause im Gespräch wird erst ab sieben Sekunden langsam als unangenehm empfunden.

Damit sind wir beim dritten und vielleicht mächtigsten Punkt angelangt, dem Schweigen während des Verhandlungstangos. Viele Menschen kommen, wenn sie unsicher sind, ins Plappern. Überlegen Sie sich jetzt, ob und wenn, wann das genau bei Ihnen passiert. Woran merken Sie bei sich ganz persönlich, dass Sie gerade in die Plapperphase eintreten? Was passiert in diesem Moment in Ihrem Körper? Wird Ihnen heiß oder kalt? Schwitzen Ihre Hände? Klopft Ihr Herz wie wild? Oder gibt es andere Hinweise? Schauen Sie mal genau hin. Wenn Sie merken, dass es wieder losgeht mit dem Plappern, dann können Sie sich in Gedanken ein Stoppschild vor Augen halten und erst mal einfach still sein. Das verschafft Ihnen Zeit, Ihre Gedanken zu sortieren und einen klaren Satz auszusprechen.

Apropos klarer Satz: In Seminaren höre ich oft die Anmerkungen, vor allem von Frauen, dass das doch nicht höflich ist. Bei Domenik und Domenika ist Klarheit der Höflichkeit in jedem Fall vorzuziehen.

Und noch eines: Die Würde ist im Grundgesetz verankert und hat beim Verhandlungstango nichts verloren. Damit meine ich den Konjunktiv „würde". Ihre Würde dürfen und sollen Sie dabei natürlich bewahren. Und darum geht es während des Verhandlungstangos: Druck und Gegendruck, schnelle sichere Entscheidungen sowie Führen und Führen-Lassen. Sorgen Sie dafür, dass Ihr Selbst-Wert-Gefühl möglichst immer in allen drei Teilen auf 100 % ist. Sie können gern noch einmal ins Kapitel „Tief durchatmen und los geht's" zurückblättern und die Übungen dort machen.

## Nach dem Verhandlungstango mit Domenik und Domenika

Egal, ob Ihr Verhandlungstango gelungen oder in die Hose gegangen ist: Schreiben Sie so schnell wie möglich alle Killerphrasen und sonstigen Hämmer, die die ultimativen Powerpakete gebracht haben, in Ihr Schlagfertigkeitsbuch. Falls Sie schon im Gespräch gute oder sehr gute Antworten darauf hatten, schreiben Sie diese gleich dazu. Falls nicht, verfahren Sie wie in der Schlagfertigkeitsübung von vorhin. Lesen Sie diese Dinge mehrfach, bevor Sie in den nächsten Verhandlungstango gehen.

Schreiben Sie außerdem die Quintessenz aus dem Gespräch auf, vor allem die Teile, in denen Domenik und Domenika zukünftig etwas Bestimmtes von Ihnen erwarten oder Sie diesen etwas versprochen haben. Machen Sie sich am besten einen Plan, wie Sie diese Erwartungen mindestens sehr gut erfüllen können. Wenn Sie beim Aufschreiben feststellen, dass Sie bei manchen Erwartungen nicht genau wissen, was von Ihnen verlangt wird, dann fragen Sie zeitnah und auch nur ein einziges Mal nach. Dabei muss ich sofort an meinen Papa denken, der immer gesagt hat: „Du darfst jeden

Fehler machen, aber keinen zweimal." Ähnlich ist es mit Fragen bei Domenik und Domenika: Einmal dürfen Sie alles fragen – okay, fast alles. Beim zweiten Mal ernten Sie schon einen sehr schrägen Blick. Beim dritten Mal haben Sie verloren – zumindest den Respekt von Domenik/Domenika. Und ohne diesen hilft bei den ultimativen Powerpaketen kein Abstrampeln, kein Rechtfertigen und schon gar kein Lamentieren.

Haken Sie auf alle Fälle nach, wenn Domenik und Domenika nicht von selbst ihre Versprechen einhalten, was durchaus ein neues Spiel sein kann. Sie erinnern sich: Machtspiele spielen Domenik und Domenika besonders gern. Sie wollen dann wissen, ob Sie wirklich für sich einstehen können, das auch tun und einfordern, was Ihnen versprochen worden ist. Vorsicht! Seien Sie dabei sehr genau und fordern Sie wirklich nur das, was im Verhandlungstango besprochen wurde. Seien Sie dabei hartnäckig, sehr hartnäckig und fordern Sie so lange, bis Sie genau das haben, was Sie wollten, oder es eine gangbare Alternative gibt.

> Domenik und Domenika sind harte Verhandlungstanzpartner, die nicht immer fair bleiben. Schwächlinge widern sie an und sie behandeln diese entsprechend. Achtung, Seitenhiebe! Seien Sie stark und zeigen Sie das! Wenn Sie bei den dominanten Powerpaketen das Gefühl haben, bei denen klappt immer alles: Einatmen – ausatmen – einatmen … das ist absolut wichtig und außerdem lebensverlängernd. Auch diese Spezies kocht nur mit Wasser! Klare Ziele, absolute Höchstleistung und Nutzenorientierung sind für sie selbstverständlich. Von ihnen akzeptiert, respektiert und damit überhaupt erst wahrgenommen zu werden – das ist das Geheimnis des Erfolgs bei diesem Typ. Argumentieren Sie schlagfertig, cool und nutzenorientiert.

## Star/Stella drehen sich schnell zur lebensfrohen Salsa

Kommen wir zu den Paradiesvögeln unter den Verhandlungstanzpartnern – Star und Stella, den mitreißenden Entertainern. Sie sind flippig, flattern von einem zum anderen, langweilen sich furchtbar schnell und sind sehr leicht ablenkbar. Sie schillern, sie strahlen, sie reißen mit – ein Wirbelwind auf allen Ebenen. Wie bei der Salsa geht es bei Star und Stella um schnelle Drehungen, viele spannende Figuren, flotte Wechsel, unvorhersehbare Action-Teile, spektakuläre

Hebefiguren und Spannung von der ersten bis zur letzten Minute. Sie sehen immer irgendwie gut aus, sind meist sehr auffallend gekleidet und strahlen von innen heraus. Sie machen aus allem etwas und leben ihre Kreativität in jedem Lebensbereich aus. Routinetätigkeiten sind für die mitreißenden Entertainer Gift – ein sehr schnell wirkendes, tödliches Gift, das sie meiden wie der Teufel das Weihwasser.

Die Bühne ist ihr natürlicher Lebensraum. Wenn es keine gibt, dann schaffen sie sich ihr Rampenlicht selbst. Die alles überstrahlende Diva beherrschen sie genauso wie den doppelseitigen Diademgriff, die einfache Rampensau und die dreifach gedrehte Charme-Offensive. Es kann gut sein, dass Sie sich von Star und Stella angezogen fühlen wie die Motten vom Licht. Es ist ja auch schön, wenn die mitreißenden Entertainer ein bisschen auf Sie abstrahlen. Sie fühlen sich möglicherweise erhoben und bekommen vom Glanz etwas ab. Insgeheim wären Sie vielleicht gerne ein bisschen mehr Star und Stella – hipp, cool und beliebt. Vorsicht! So wie die Motten an der Lampe verbrennen, kann es auch Ihnen gehen, wenn die mitreißenden Entertainer ihren Spot auf Sie richten. Star und Stella neigen dann dazu, einen Fanclub um sich zu scharen und die speziellen Fähigkeiten ihrer Fans für sich zu nutzen. Sie packen den Charmebolzen aus und – schwupps – haben sie einen überredet, dies oder jenes für sie zu tun. Fragen Sie sich dann immer – bevor Sie die Wünsche erfüllen –, ob Sie das auch wirklich wollen oder gerade charmant überredet werden.

Das schauspielerische Grundtalent ist Star und Stella in die Wiege gelegt und sie lernen immer noch Tag für Tag dazu. Sie nehmen die Welt und manchmal auch sich selber nicht zu ernst. Vor allem, wenn es darum geht, was sie vor Tagen, Wochen, Monaten gesagt oder getan haben. Je nachdem, wie wichtig die gerade vorbeifließende Ablenkung ist, kann es sein, dass sie schon nach Sekunden vergessen haben, was gerade noch wichtig war – frei nach dem Motto: „Was geht mich der ‚Schmarrn' an, den ich gestern verzapft habe?" Verbindlichkeit und Loyalität gehören definitiv nicht zu den obersten Werten von Star und Stella.

Nur eines können sich die mitreißenden Entertainer merken und sind dabei nachtragend wie vier Elefanten: Wenn Sie ihnen die Hauptrolle nehmen und sie in die Nebenrolle drängen, ist es, wie wenn Sie der Rose am Blütehöhepunkt das Wasser klauen: Dann werden die knatschig und neigen zu extremen Überreaktionen, wie Herumschreien oder In-Ohnmacht-Fallen, nicht ohne theatralische

„Sterbender Schwan"-Geste. Kurz, wenn Sie denen die Show stehlen oder sie blöd dastehen lassen, kann das sprichwörtlich tödlich enden. Tun Sie das nie! Gar nie! Auf überhaupt gar keinen Fall gar nie nicht!

### Schoki-Käfer, heißer Mai und Frankiermaschinen passen nicht zusammen

Ich lernte Carolin kennen, als sie Zuhörerin bei einem meiner Vorträge war und mich danach mit ein paar konkreten Fragen ansprach. Wir unterhielten uns gut und so setzten wir uns beim anschließenden Get-together nebeneinander und sprachen angeregt weiter. Im Verlauf des Abends stellte sich heraus, dass Carolin in der Personalabteilung eines Pharmakonzerns arbeitet und immer an neuen guten Trainern interessiert ist. Wir vereinbarten, dass ich Carolin gleich in der nächsten Woche ein Angebot zum Thema Verkaufsrhetorik für den Innendienst schicken sollte. Dieser inhaltliche Teil des Gesprächs dauerte ziemlich genau 3,5 Minuten und dann ging es wieder munter um Urlaubsorte, sportliche Freizeitbeschäftigungen und Schweizer Schokolade. Ich merkte schnell, dass ich da eine reinrassige Stella vor mir hatte, genoss das Gespräch und vermied es, noch einmal auf den geschäftlichen Teil zurückzukommen.

Bei einer Geschichte hörte ich besonders gut zu: Sie erzählte, dass sie sich sofort in eine bestimmte Sorte von Schweizer Schokoladenmarienkäfern verliebt hatte und leider viel zu selten in die Schweiz kam, um sie dort zu kaufen, da sie in Deutschland nicht erhältlich sind. Wir trennten uns fröhlich und verabredeten, Ende nächster Woche über das Angebot zu sprechen.

Wie es der Teufel wollte, fuhr ich am Wochenende in die Schweiz in ein Wellnesshotel und erinnerte mich an die speziellen Schoki-Käfer. Ich klapperte sieben Supermärkte ab, um sie dann im letzten endlich zu finden. Ich kaufte gleich drei Packungen und freute mich riesig.

Am Montag schrieb ich das Angebot, druckte es auf hübschem Papier aus, klebte die Schoki-Käfer zur Dekoration darauf und freute mich schon auf die Reaktion von Carolin, wenn ich am Freitag anrufen würde.

Freitag kam und fröhlich griff ich gleich morgens zum Hörer und rief Carolin an. Sie meldete sich eher verhalten, was mich sehr verwunderte, hatte ich mir doch kleine Freudenschreie erhofft.

Vorsichtig fragte ich nach, ob sie das Angebot erhalten hatte. „Ja", sagte sie, „aber ich kann's nicht lesen!" „Wieso?" erkundigte ich mich schon etwas kleinlaut. „Ist Schokolade drauf!" kam es von der anderen Seite zurück. Oh, Mist! Ich hatte zum einen übersehen, dass das Thermometer in diesem Mai schon auf 28 Grad geklettert war und zum anderen die Frankiermaschine unterschätzt, die die warme Schokolade großflächig ins Papier gebügelt hatte. Am Telefon entstand eine unangenehme Pause. Nach gefühlten drei Minuten prusteten wir beide los. Als wir wieder Luft bekamen, sagte ich: „Okay, ich schick es sofort als PDF und rufe in einer halben Stunde noch mal an."

Der Auftrag kam dank neuem, lesbarem Angebot zustande und die Schoki-Käfer wurden zum Running Gag zwischen mir und Carolin.

Inzwischen hat Carolin in ein anderes Unternehmen gewechselt und wir arbeiten immer noch zusammen. Immer wenn ich ein neues Angebot ankündige, schallt es mir lachend entgegen: „Aber die Schoki-Käfer schickst du extra!" Und die bringe ich ihr auch immer noch zu jedem Training mit. Vielleicht hätte ich den Auftrag auch ohne diese Geschichte bekommen, leichter, einprägsamer und wahrscheinlich auch dauerhafter war es auf jeden Fall mit Schoki-Käfern.

So eine gemeinsam erlebte Geschichte ist Gold wert, wenn Sie mit Star und Stella zu tun haben. Sie haben immer wieder einen superguten Aufhänger und steigen in jedes neue Gespräch mit einem Lächeln ein. Achten Sie auf Kleinigkeiten im Gespräch mit Star und Stella und finden Sie heraus, mit welchen, wahrscheinlich ganz einfachen und oft sogar günstigen kleinen Zusatz-Gimmicks Sie die mitreißenden Entertainer für sich einnehmen können.

Wenn Sie selbst auch zur Gattung Star und Stella zählen, dann ist bei der Verhandlungssalsa große Vorsicht geboten, da es vermutlich verdeckt und sogar offen zum Kampf um die Hauptrolle kommt. „Hauptrolle" heißt übrigens nicht unbedingt, dass Star und Stella die Führung übernehmen müssen, sondern vor allem, dass sie strahlen können und gesehen sowie bewundert werden. Beim Tanzen ist es ja so, dass der Herr den Rahmen darstellt und die Dame das Bild. Nur wenn der Herr gut führt, sehr umsichtig auf die Dame sowie das Umfeld achtet und somit die Dame super aussehen lässt, werden die beiden auch als Paar gut wirken.

Oft können Sie Star und Stella einfach daran erkennen, dass sie im Mittelpunkt stehen und wie ein Magnet alle Umstehenden in ihre Richtung ziehen. Die Klamotten sind extravagant, meistens nach dem letzten Schrei oder zumindest auffällig – farblich oder schnitttechnisch. Interessant ist dabei, dass sie so von innen heraus strahlen, dass sie vermutlich auch im Kartoffelsack fantastisch aussehen würden. Gestik und Mimik sind sehr ausladend und emotional. Sie haben immer einen flotten Spruch oder eine coole Anekdote auf den Lippen. Blöd ist dabei, dass die aus dieser nie versiegenden Quelle sprudelnden Ideen leider selten umgesetzt werden, da Planung, Umsetzung und solche langweiligen Details überhaupt nicht ihr Ding sind. Da ist es doch viel hübscher, immer neue Ideen hervorzusprudeln und weiter von Blüte zu Blüte zu flattern.

Verstehen Sie mich bitte richtig, die mitreißenden Entertainer sind super für ein Unternehmen, wenn Max/Maxima oder Traugott/Traudel dahinterstehen und dafür sorgen, dass daraus etwas Produktives wird. Bloß die Greifbarkeit für einen Verhandlungssalsa ist und bleibt schwierig oder zumindest anstrengend. Falls Sie Star und Stella zu fassen bekommen, sollten Sie diese Chance unbedingt nutzen. Deshalb ist es extrem wichtig, dass Sie immer Zettel und Stift dabeihaben, um mögliche Ergebnisse sofort zu protokollieren und evtl.

*Star und Stella, die mitreißenden Entertainer*

unterschreiben zu lassen. Im Zweifel reichen auch ein Bierdeckel, eine Serviette oder die Rückseite vom Kassenzettel.

Der Trend geht bei Star und Stella gerne zum Dritthandy und wenn sie technikaffin sind, haben sie auch immer den neuesten technischen Schnickschnack und spielen zudem ständig daran herum. Schnelle und schicke statt dicke Autos, hippe Wohn-/Büroumgebung, bunte Farben und jede Menge auf den ersten Blick nicht zuzuordnendes Allerlei umgeben diese Paradiesvögel immer und überall.

Sie machen im Gespräch ständig Gedankensprünge und lassen sich extrem leicht ablenken. Das machen sie gar nicht aus Bösartigkeit, die mitreißenden Entertainer sind einfach so gestrickt. Ihre Prioritaten sind eher sehr wandelbar als in Stein gemeißelt. Dafür sind sie im jeweiligen Moment voll da, sehr sichtbar und ergreifen die Chancen, die sich Ihnen bieten. Das erklärt wiederum ihre Anziehungskraft.

**i** ## Quick-Check: Erkennungsmerkmale Star/Stella

| Aussehen | Kommunikation |
|---|---|
| Flippige, meist sehr farbige und ausgefallene bzw. auffallende Kleidung – strahlen von innen heraus | Reden viel und oft schnell – versprühen Charme und Lebenslust – strotzen vor Energie – Ideensprudler – sind unstet – springen hin und her – hassen Langeweile – feiern Erfolge |
| **Umgebung** | **Verhandlungssalsa** |
| Schnickschnack im Büro – trendy – oft wechselnde Einrichtungsaccessoires – neueste Techniken – Auto eher hipp statt dick | Entscheidungen schnell und aus dem Bauch – erinnern sich oft nicht daran, schmeißen sie auch schnell wieder um – motivieren auch zum scheinbar Unmöglichen – wickeln ihr Gegenüber um den Finger |

## Wer ist Ihr/e Verhandlungstanzpartner/in?

Ist auffällig gekleidet?
Bunte Paradiesvögel, schillernd und hipp?

**NEIN** ↖ **JA**
↓

Überschwängliche Gesten statt Händeschütteln?

**JA** **NEIN** ↘
↓

Neigt zum Geschichten erzählen,
hauptsächlich über sich selbst?

**NEIN** ↖ **JA**
↓

Liebt den Mittelpunkt,
das Rampenlicht und Aufmerksamkeit?

**JA** **NEIN** ↘
↓

Malerische Fantasie, Kreativität
und viele neue Ideen?

**NEIN** ↖ **JA**
↓

Ist schnell gelangweilt,
liebt Neues und Abwechslung?

**JA** **NEIN** ↘
↓

Fähigkeit, Menschen zu begeistern,
mitzureißen? Energiebündel?

**NEIN** ↖ **JA**
↓

*Erkennungsgrafik Star und Stella Teil 1*

Flatterhaft, schnell begeisterungsfähig, emotional?
Hasst Zahlen und Statistiken? Hang zum Chaos?

**JA  NEIN**

Hat schauspielerisches Talent?
Will hofiert werden?

**NEIN  JA**

Strebt nach Selbstdarstellung,
Beifall und Anerkennung?

**JA  NEIN**

Mangelndes Durchhaltevermögen
und Umsetzungsdisziplin?

**NEIN  JA**

Viel Schnickschnack im Büro,
Neuestes vom Neuesten?

**JA  NEIN**

Liebt Öffentlichkeit? Kennt Gott und die
Welt? Tanzt auf jeder Veranstaltung?

**NEIN  JA**

Vergisst wegen schnell wechselnder Prioritäten schon
mal Zusagen? Springt von einem Thema zum nächsten?

**JA  NEIN**

Star /
Stella

*Erkennungsgrafik Star und Stella Teil 2*

Aller guten Dinge sind drei: Setzen Sie sich wieder an Ihre Kladde und finden Sie fünf bis zehn Menschen in Ihrer beruflichen und privaten Umgebung, die Sie Ihrer Meinung nach Star und Stella zuordnen. Schreiben Sie auf, warum Sie denken, dass Sie es hier mit Star und Stella zu tun haben. Tauschen Sie sich mit Freunden und/oder Kollegen aus, ob diese denselben Eindruck haben. Schauen Sie, welche Eigenschaften oder Eigenarten Ihnen am ehesten und leichtesten auffallen. Nach denen können Sie sich dann auch in Stresssituationen leicht richten. Fehlt nur noch eines: Üben, üben, üben Sie das Ganze so, dass es Ihnen in Fleisch und Blut übergeht. Denken Sie an das 10.000-mal-auf-die-Windel-Setzen und werden Sie sicher im Erkennen von Star und Stella.

### Ready for Verhandlungssalsa – immer, überall und jederzeit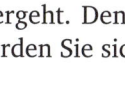

Wenn Sie Ihren Verhandlungstanzpartner als Star oder Stella erkannt haben, dann streichen Sie jegliche zeitliche Planung. Konzentrieren Sie sich auf sich bie7tende Chancen und greifen Sie dann sofort zu. Nutzen Sie die Gunst der Stunde, um zum Verhandlungssalsa aufzufordern, wenn Sie z. B. einen großen Erfolg erzielt, eine sehr zufriedene Kundenmeinung bekommen oder jemandem den Allerwertesten gerettet haben.

Wichtig: Tragen Sie immer Zettel und Stift bei sich, um ein mögliches Verhandlungsergebnis sofort schriftlich festzuhalten. Star und Stella vergessen es genauso schnell, wie sie es zugesagt haben.

## Vor der Verhandlungssalsa mit Star und Stella

Star und Stella stehen gar nicht auf Vorbereitung und noch weniger auf schriftliche. Deswegen sollten Sie davon ausgehen, dass diese Salsa-Stars weder wissen, worum es genau geht, noch, was Sie wollen oder was Sie geleistet haben. Es sei denn, sie profitieren von Ihren Leistungen und können an anderer Stelle damit glänzen. Blöderweise erspart Ihnen das mitnichten Ihre Vorbereitung. Im Gegenteil: Sie sollten sogar noch besser auf alle Eventualitäten vorbereitet sein, da die mitreißenden Entertainer die unberechenbarsten Verhandlungstanzpartner sind. Ihre normalen Leistungs-, Projekt- und Nutzenlisten sollten Sie so gut auf dem Schirm haben, dass Sie immer genau das entscheidende Argument hervorzaubern können. Falls Sie nämlich die falschen Argumente als Trumpf ausspielen wollen, werden Sie Ihre Tanzpartner sehr schnell langweilen und dann können Sie das Verhandeln auch gleich lassen. Gelangweilt sind Star und Stella äußerst wenig spendabel.

Neben der oben genannten fachlich fundierten Vorbereitung sollten Sie ein großes Augenmerk auf die Vorbereitung der emotionalen Verhandlungsteile legen und sich mit möglichen kleinen Geschenken zum Erhalt der Freundschaft bzw. als Wegbereiter beschäftigen. Wie Sie am Beispiel von Carolin und den Schoki-Käfern gesehen haben, kann das durchaus kriegsentscheidend sein. Finden Sie im ersten Schritt heraus, was Star und Stella gerne mögen bzw. welche Vorlieben sie haben, wie zum Beispiel Lieblingssänger, Lieblingsland, Schokolade, Blumen, spezielle Tassen usw. Im zweiten Schritt überlegen Sie, ob Sie Zugang zu diesen Vorlieben haben oder diese eventuell sogar teilen. Falls Sie auf Gemeinsamkeiten stoßen, dürfen Sie das schamlos ausnutzen. Auf einem gemeinsam besuchten Event, zu dem Sie idealerweise die Karten besorgt haben, lässt es sich wunderbar in der Pause verhandeln, wahrscheinlich sogar erfolgreicher als am nächsten Tag im Büro. Scheuen Sie sich auch nicht, die Lieblingsschokolade immer in der Tasche zu haben. Ich höre Sie jetzt förmlich sagen: „Das ist doch alles Schleimerei!" Natürlich können Sie das so werten. Sie können es jedoch genauso gut als Wissensvorsprung betrachten und wohldosiert nutzen. Star und Stella lieben kleine Aufmerksamkeiten und merken sich auch, von wem sie etwas bekommen haben. Sie können auf diese Weise jede Menge positiver Rabattmarken sammeln und sie im Idealfall für ein gutes Verhandlungsergebnis eintauschen.

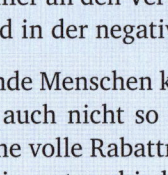

## ✔ Rabattmarken-Sammelhefte – fremde und eigene

Nachtragende Menschen – Star und Stella sind das zumindest bei „großen Kisten", positiven wie negativen – neigen dazu, Rabattmarken zu sammeln, d. h. sie merken sich alle guten und schlechten Vorkommnisse. Sie kleben diese bildlichen Rabattmarken in einem eigens dafür genutzten Teil ihres Gehirns säuberlich in ein Heftchen. Wenn eine Seite voll ist, dann gibt es – anders als im Supermarkt – vom Sammler an den Verursacher in der positiven Variante eine Prämie und in der negativen einen Satz heiße Ohren.

Auch nicht nachtragende Menschen kleben diese psychologischen Rabattmarken, wenn auch nicht so häufig. Die Belohnung oder Bestrafung, die auf eine volle Rabattmarkenseite folgt, ist je nach Verhandlungstyp völlig unterschiedlich. Liefern Sie am besten jede Menge positiver Rabattmarken zum Sammeln für Ihre Verhandlungstanzpartner. Wenn Sie bemerken, dass Ihr Gegenüber eine negative Rabattmarke klebt oder geklebt hat, fragen Sie nach, wie die Marke genau aussieht und was Sie tun können, damit diese von der Seite verschwindet.

## Rabattmarken-Selbstcheck

Da wir schon gerade dabei sind, nutzen Sie die Gelegenheit, einmal Ihr eigenes Rabattmarken-Sammel-Verhalten zu betrachten und sich zu fragen:

- Neige ich zum Rabattmarkensammeln?
- Sammle ich positive oder negative Rabattmarken? Oder beides?
- Wann und unter welchen Umständen sammle ich Rabattmarken?
- Bei wem sammle ich Rabattmarken?
- Was passiert, wenn die Seite voll ist?

Wenn Ihnen jetzt bewusst geworden ist, wann, wo und über wen Sie Rabattmarken sammeln, dann können Sie auch bewusst entscheiden, was Sie mit diesen Rabattmarken machen. Meine Empfehlung dazu ist: Sprechen Sie mit Ihrem Gegenüber direkt darüber. Mit „direkt" meine ich: sofort nachfragen oder feststellen, wenn eine negative Rabattmarke auftaucht. Fragen hilft sowieso meist bei der Informationsbeschaffung. Sie werden sehen, so lassen sich jede Menge Stolpersteine in Form von Missverständnissen, aber auch größere und kleinere Konflikte auf der Stelle vom Verhandlungsparkett räumen. Übrigens hilft es auch, positive Rabattmarken lobend zu erwähnen.

Eine weitere Vorbereitungsaktion kann es sein, eine coole Location für die Verhandlungssalsa zu finden. In einer hippen Atmosphäre lässt es sich mit Star und Stella gleich viel leichter verhandlungstanzen. Denken Sie immer daran: Die Fakten – dosiert und wohlüberlegt eingesetzt – sind die Basis der Verhandlung. Der richtige Zeitpunkt, das richtige Ambiente und am besten die richtige Laune von Star und Stella zu finden sind die Kür, und in der Kür wird bekanntlich besonders viel gedreht und mit wirkungsvollen Figuren beeindruckt.

## Während der Verhandlungssalsa mit Star und Stella

Jetzt sind vor allem Ihre Aufmerksamkeit und Ihr Reaktionsvermögen gefragt. Gespannt wie ein Panther kurz vor dem Sprung geht es jetzt für Sie darum, jede Regung Ihres Verhandlungstanzpartners zu registrieren, zu bewerten und entsprechend zu reagieren. Das ist leicht gesagt und schwer durchzuführen. Ein wichtiger Punkt dabei ist, dass Sie Ihre eigenen Emotionen so weit wie möglich zurücknehmen, damit sie Ihnen nicht in die Konzentrationsquere kommen.

Wenn Ihr Bauch im Gespräch zu grummeln beginnt, schauen Sie genau hin, was es mit dem Grummeln auf sich hat. Manchmal spielen uns alte Erfahrungen einen Streich, wie Sie in folgendem Beispiel sehen:

### Ich kann meine Tante nicht leiden

In einem Workshop zum Thema Selbstmarketing waren wir gerade munter bei der Vorstellungsrunde und ich bemerkte, dass mir eine Teilnehmerin regelrecht auf den Geist ging. Sie hatte nichts falsch gemacht und ich kannte sie nicht einmal.

In der Pause überlegte ich mir, was da in mir vorgehen könnte bzw. welche Erinnerung mir da gerade einen Streich spielte. Zack, da fiel es mir ein: Die Teilnehmerin sah aus wie meine Tante, sprach wie meine Tante, hatte eine ähnliche Stimme wie meine Tante – und ich kann meine Tante nicht leiden. Ich ging zu der Teilnehmerin und offenbarte ihr mein Gefühl und meine Erkenntnis dahinter.

Sie erschrak und sagte: „Da kann ich doch gar nichts dafür." Das stimmt, antwortete ich ihr und empfahl, dass sie, wenn ich sie unmotiviert anmaulen würde, einfach sagen sollte: „Ich bin gar nicht Ihre Tante." Es wurde Nachmittag und zwischen den Teilnehmerinnen entstand eine rege Diskussion zum Thema Wahrnehmung. Da passierte es – besagte Teilnehmerin wagte einen Einwurf, während ich mit den Frauen auf der anderen Seite des Raumes beschäftigt war.

Ich fuhr herum und blökte sie an. Mit großen Augen sagte sie tapfer: „Ich bin gar nicht Ihre Tante." Ich hielt inne, schmunzelte und erklärte den anderen Teilnehmerinnen den Zusammenhang. Es gab ein großes Gelächter und anhand dieses Beispiels war klar, dass Wahrnehmung sehr unterschiedlich sein kann.

Star und Stella haben vor allem eine sehr selektive Wahrnehmung. Sie nehmen hauptsächlich das wahr, was sie in den Vordergrund stellt und gut aussehen lässt. Achten Sie also während des Gesprächs unbedingt drauf, dass das Scheinwerferlicht immer auf die mitreißenden Entertainer gerichtet ist. Drängen Sie sich bloß nicht zu nahe heran.

Wenn Sie selbst zum Typ Max und Maxima gehören, wird die Verhandlungssalsa mit Star und Stella besonders schwierig. Es wird Ihnen unendlich schwerfallen, den Gedankensprüngen von Star und Stella zu folgen und dabei mit Ihrer eigenen Argumentation nicht durcheinanderzukommen. Beschränken Sie sich in diesem Fall auf Ihre wichtigsten Argumente und versuchen Sie mit den mitreißenden Entertainern so lange Schritt zu halten, bis Sie Ihr Ziel erreicht haben.

Wenn Sie selbst zu Traugott und Traudel (siehe nächstes Kapitel) zählen, denken Sie daran: Tiefe Beziehungen sind nicht unbedingt das Hobby von Star und Stella. Gönnen Sie ihnen die Bühne und konzentrieren Sie sich darauf, was Sie bei der Verhandlung erreichen wollen. Nehmen Sie ihnen ihre Flatterhaftigkeit nicht übel und vor allem nichts, was Sie tun oder sagen, persönlich. Für einen coolen Spruch würden Star und Stella ihre Großmutter verkaufen und können leider dabei keine Rücksicht auf persönliche Animositäten nehmen. Sie merken meist noch nicht einmal, wenn sie anderen dabei auf die Füße treten. Also, bleiben Sie locker, lachen und spielen Sie mit, nutzen Sie sich auftuende Chancen immer mit dem Fokus auf Ihr gewünschtes Ergebnis.

> Ganz wichtig: Halten Sie, wenn irgendwie möglich, das Ergebnis noch in der Verhandlung schriftlich fest.

## Nach der Verhandlungssalsa mit Star und Stella

Nach der Verhandlungssalsa können Sie davon ausgehen, dass Star und Stella das meiste sofort wieder vergessen haben. Außer natürlich die Teile, die ihrem Auftritt im Rampenlicht zuträglich sind.

Also fixieren Sie alles schriftlich, falls Sie es nicht geschafft haben, das während der Verhandlung zu tun. Schicken Sie es den mitreißenden Entertainern zur Kenntnisnahme. Schreiben Sie in dieser Mail eine Frage, die Star und Stella beantworten müssen. Dann haben sie im Zweifel die Antwort mit Ihrer Mail unten dran als Beweis. Ich schicke meinen reinrassigen Star-/Stella-Kunden inzwischen keine

Angebote mehr, sondern nur noch Auftragsbestätigungen. Denen müssten sie dann widersprechen – ein Angebot hingegen können sie einfach liegen lassen und nicht annehmen. Glauben Sie mir, das war eine rasante Lernkurve für mich.

Falls Sie Star und Stella während des Verhandlungssalsas etwas versprochen haben, vor allem wenn es etwas mit dem Rampenlicht zu tun hat, sollten Sie es zeitnah einhalten. Falls die mitreißenden Entertainer Ihnen etwas versprochen haben, sollten Sie dranbleiben und im Zweifel so lange nachhaken, bis Sie es bekommen haben.

Fangen Sie nach dem Verhandlungssalsa sofort an, für die nächste Runde zu sammeln: die Sprüche, auf die sie Antworten finden wollen; kleine Geschenkideen, die die Freundschaft erhalten; Situationen, in denen Sie Star und Stella ins Rampenlicht rücken können.

> Star und Stella wollen gewonnen und begeistert werden. Bei den Entertainern reicht es nicht, wenn Sie ein bisschen glühen. Sie verhandeln mit diesen Typen am besten, wenn Sie für sich und Ihre Erfolge brennen. Die Wahl des Zeitpunkts ist extrem wichtig. Regelmäßige Forderungen und Termine gehen diesen Typen gehörig auf die Nerven. Mit Kontakten, besonderen Events, allem Auffallenden und ultimativen Geheimtipps können Sie hier besonders punkten.

## Traugott/Traudel sind begeisterte Formationstänzer

„Der Tango ist als Tanz das Schönste, was es gibt. Man muss ihn mit Kraft angehen mit viel Zärtlichkeit und vielen Stunden Arbeit." (Antonio Todaro)

Die loyalen Unterstützer sind sowohl beim Tanzen als auch in der Verhandlung eher in der Gemeinschaft unterwegs. Sie fühlen sich wohler, wenn sie nicht allein sind. In einer Formation, in der acht Paare im Wesentlichen die gleichen Bewegungen tanzen, sind sie gut aufgehoben. Sie mögen es nicht, durch besondere Sperenzchen aufzufallen. Gemeinsam trainieren und möglicherweise auch gemeinsam erfolgreich sein und gute Beziehungen untereinander zu haben, ist Traugott und Traudel sehr wichtig. Der Drang nach Erfolg kommt eher von anderen inneren Verhandlungtanzpartnern, die bei diesem Typ von der Seite aus mitmischen. Nicht umsonst gibt es jede Menge Tanzgruppen von Square Dance über Volkstanz, Showtanz und Jazz/Modern-Gruppen bis hin zum Rock'n'Roll, die das entweder zum Spaß oder als Leistungssport betreiben. In solchen Gruppen fühlen sich die loyalen Unterstützer sicher und können ihren Gemeinschaftssinn in vollem Umfang ausleben. Das Schlimmste für sie sind Außenseiter, vor allem solche, die nichts von sich preisgeben und somit nicht greifbar sind.

Traugott und Traudel brauchen eine solide, wertschätzende Beziehungsgrundlage, um überhaupt in ein Verhandlungstänzchen einzusteigen. Sie sind in Konzernen selten in Chefpositionen, dafür umso öfter in der zweiten Reihe zu finden. Dort wird ihr Einfluss oft unterschätzt. Die erste Reihe, die vor ihnen steht, verlässt sich auf ihren Rat, gerade in menschlichen Dingen. Als Führungskräfte sind Traugott und Traudel oft in sozialen, sogenannten Non-Profit-Unternehmen, wie z. B. der Caritas zu finden. Hier verbirgt sich der Wolf allerdings oft im Schafspelz: Andere Verhandlungstanzpartner tarnen sich ab und zu als Traugott und Traudel, um in diesem sozialen Bereich Ansehen zu gewinnen oder ihre eigenen Ziele besser zu erreichen. Dazu habe ich folgendes Beispiel für Sie:

## Vicky, 43, Logopädin

Vicky hatte sich bei einem Lebenshilfe-Verein beworben, deren Chefin Patrizia sie zufällig beim letzten Stadtfest kennengelernt hatte. Diese hatte ihr den halben Abend vorgeschwärmt, wie gut das Arbeitsklima und der Teamzusammenhalt sind und dass sie alle, auch privat, einiges zusammen machen. Am Ende des Abends legte sie Vicky nahe, sich dringend sofort am nächsten Tag bei ihr zu bewerben, weil sie so wunderbar ins Team passen würde.

Gesagt, getan. Vicky brachte ihre Unterlagen am folgenden Montag persönlich vorbei. Patrizia stürmte ihr sofort entgegen und bat sie in ihr Büro. Das wäre ja eh alles nur Formsache und ein Gespräch könnten sie genauso gut auch gleich führen, wenn Vicky Zeit hätte. Vicky wollte zwar ihre Tochter vom Kindergarten abholen und hatte nicht viel Zeit, sagte aber dennoch zu, sich kurz mit Patrizia zusammenzusetzen.

Die nächsten 30 Minuten verliefen sehr herzlich. Patrizia war von Vickys fachlichen Zusatzqualifikationen begeistert. Um ihr zu zeigen, wie gut sie in das Team passen würde, stellte sie ihr beim Hinausgehen noch alle anwesenden Kollegen einzeln vor. Sie umarmten sich zum Abschied und vereinbarten einen weiteren Termin in zwei Wochen zum Vertragsabschluss. Vicky verließ den Lebenshilfe-Verein beschwingt und trällerte auf dem Weg zum Kindergarten fröhlich vor sich hin. Abends erzählte sie ihrem Mann strahlend, dass sie ab dem nächsten Ersten eine tolle 20-Stunden-Stelle hätte.

Zwei Tage später kam die kalte Dusche in Form eines Anrufs von Patrizia. Schon die Begrüßung fiel sehr kühl und kurz aus. Es täte ihr leid, sagte Patrizia, sie könne ihr die Stelle doch nicht geben, da ihre fachlichen Qualifikationen nicht ausreichten und sich das Team außerdem gegen sie entschieden hätte. Ohne weitere Erklärungen beendete Patrizia das Telefonat.

Vicky saß wie vom Donner gerührt vor dem Telefon. Was war passiert? Hatte sie Patrizia etwas getan? Welche fachlichen Qualifikationen – zur Hölle – fehlten ihr? Das wollte sie nicht auf sich sitzen lassen. Sie rief Patrizia noch einmal an und verlangte zu wissen, welche fachlichen Qualifikationen ihr genau fehlten. Leider bekam sie keine verwertbare Antwort.

Drei Monate später lernte sie beim Elternabend im Kindergarten Pamela kennen, die gerade bei diesem Lebenshilfe-Verein gekündigt hatte. Aufgeregt bat sie um ein Gespräch. Dabei stellte sich der eigentliche Grund heraus, warum sie abgelehnt worden war. Vicky hatte sich gegenüber Patrizia für den Einsatz einer neuen Methode ausgesprochen, die sie gerade auf einer Fortbildung kennengelernt hatte.

Patrizia lästerte, nachdem Vicky das Büro verlassen hatte, offen bei ihrem Team: „Na, so eine, die immer nach diesen modernen Methoden arbeitet, können wir hier sowieso nicht brauchen! Die passt überhaupt nicht zu uns! Die verdirbt uns noch den Ruf!" Vicky war entsetzt: Die Methode war neu und wissenschaftlich getestet. Pamela beruhigte sie, das sei auch der Grund, warum sie gekündigt habe. Patrizia würde neben sich nur die Therapeuten gelten lassen, die genau in ihrem Sinne arbeiteten und sie auf keiner Ebene überflügeln konnten. So stellte sich heraus, dass Patrizia – eine reinrassige Stella – im Tarngewand von Traugott und Traudel aufgetreten war.

Nehmen Sie es nicht persönlich, wenn Sie auf einen solchen Wolf im Schafspelz treffen. Dagegen ist leider kein Kraut gewachsen. Die gute Nachricht dazu ist: Wenn Sie ehrlich zu sich sind, sind Sie im Nachhinein meistens sogar froh, dass es nicht geklappt hat. Vicky wäre mit Patrizia als Chefin vermutlich ohnehin nicht gut ausgekommen. Manchmal soll es einfach nicht sein und das ist auch gut so.

Im Mittelstand dagegen finden Sie die echten loyalen Unterstützer öfter ganz oben an der Spitze. Nicht selten werden kleine bis mittelgroße Familienunternehmen von Ehepaaren oder Geschwistern geführt, die sehr früh gelernt haben, dass Beziehungen den Unterschied zwischen Erfolg und Misserfolg ausmachen können. Diese besondere Spezies der Unternehmensnachfolger weiß noch, was Kaufmannsehre bedeutet und schließt nicht selten ihre Geschäfte per Handschlag ab.

Traugott und Traudel sind pragmatisch und praktisch veranlagt. Das sieht man bei ihnen an Kleidung, Einrichtung des Büros, Auto usw. Bequeme Klamotten werden getragen, bis es nicht mehr vertretbar ist, wobei „vertretbar" in diesem Zusammenhang durchaus unterschiedlich wahrgenommen werden kann. Wenn sie zum Beispiel ein paar schicke bequeme Schuhe oder eine gut passende schwarze Hose gefunden haben, kann es sein, dass sie diese gleich dreimal kaufen oder das gleiche Teil in fünf verschiedenen Farben. Einkaufen ist den loyalen Unterstützern nämlich ein Gräuel, außer sie kaufen gemeinschaftlich die T-Shirts z. B. für den Unternehmenslauf.

Wenn Sie es schaffen, anfängliche Sympathie zu einem dicken Stein im Brett auszubauen, dann ist mit Traugott und Traudel gut Kirschen essen. Bei den loyalen Unterstützern ist aktives Zuhören keine Methode, sondern eine Grundeinstellung, die übrigens nebenbei gesagt, auch bei allen anderen Verhandlungstanzpartnern durchaus hilfreich ist. Sie haben beziehungstechnisch gesehen ein ebenso großes Elefantenhirn wie Max und Maxima in technischen Dingen und sind dazu positiv wie negativ extrem nachtragend. Das bedeutet: Wenn Sie den vorher beschriebenen Stein im Brett gut pflegen und hegen, dann kann er schnell zum Fels in der Brandung werden, auf den Sie sich zu 100 und mehr Prozent verlassen können, und zwar in jeder Situation.

Diese Loyalität wird Traugott und Traudel manchmal zum Verhängnis, weil sie sie gerne über alles, vor allem über sich selbst stellen. Aus diesem Grund und weil sie zudem noch gutmütig sind, werden sie leider auch oft ausgenutzt. In den Augen von Domenik/Domenika und Star/Stella bieten sie sich geradezu dafür an. Wenn Sie eine Beziehung zu den loyalen Unterstützern haben, dann dauert es sehr lange, bis Sie es sich mit ihnen wieder verscherzt haben. Sie sind extrem gutmütig und verzeihen deswegen auch vieles unter dem Beziehungsdach. Doch Vorsicht: Wenn Traugott und Traudel bemerken, dass Sie ein falsches Spiel spielen, dann sind Sie sofort unten durch, und zwar für immer und ewig, also auch noch für die nächsten drei Leben.

### Susanne, 52, Leiterin einer Grafikabteilung

Susanne kam zu mir, weil sie Schwierigkeiten mit einem ihrer Grafiker hatte. Sie erzählte mir, dass der Mitarbeiter bereits seit sechs Jahren für sie arbeitete und dass sie sich immer auf ihn verlassen konnte. Jetzt wisse sie nicht mehr, was sie denken, geschweige denn tun sollte. Ihr Mitarbeiter sei völlig unzugänglich und als sie neulich zwei Tage krank war, habe er durch sein Überengagement fast einen Auftrag in den Sand gesetzt.

Es sollte ein Flyer für eine Architektin gestaltet werden, die Susanne schon lang und inzwischen auch privat kannte. Sie hatte ihrem Mitarbeiter genaue Anweisungen gegeben, wie der Flyer aussehen sollte. Während Sie krank war, hatte sich ihr Mitarbeiter „verkünstelt" und gab zwei Entwürfe ab, bei denen die Architektin einen kurzen Anfall von Schnappatmung bekam. Nicht einmal die Farbgebung stimmte und auch sonst gingen die Entwürfe gar nicht. Sie rief wutschnaubend in der Agentur an und wollte sofort Susanne sprechen. Sie bekam nur den Grafiker, dem sie sehr deutlich mitteilte, dass er sich gefälligst an ihren bisherigen Auftritt anlehnen sollte. Der nächste Versuch klappte und die Architektin war zufrieden. Susanne schlug am nächsten Tag die Hände über dem Kopf zusammen. Der Grafiker hatte zwei Tage an den „wilden" Entwürfen gearbeitet, diese Stunden konnte Susanne natürlich nicht an die Architektin weiterberechnen und musste sie intern gegenüber ihrem Chef vertreten. Sie war sauer auf ihren Mitarbeiter und fühlte sich auch persönlich hintergangen. Sie hatte mit dem Mitarbeiter gesprochen und er hatte nur große Augen gemacht und kein bisschen verstanden, warum sie sich so aufregte. Das verletzte sie nur noch mehr.

Ich fragte Susanne, ob das zum ersten Mal passiert sei. Da dachte sie nach und ihr fiel eine weitere Geschichte ein, die vor einem Jahr stattgefunden hatte. Der Mitarbeiter erschien ihr plötzlich launisch, brachte seine Arbeiten nicht rechtzeitig fertig und kam häufig zu spät. Sie hatte auch keinen Zugang mehr zu ihm, obwohl sie sich immer gut verstanden hatten. Damals lud sie ihn zum Mittagessen ein und fragte genauer nach, was denn los sei und ob sie irgendwie helfen könne.

Ihr Mitarbeiter erzählte nach langem Herumdrucksen – Susanne, eine reinrassige Traudel, wartete geduldig und hörte zu –, dass er wegen einer bevorstehenden Geschlechtsumwandlung jede Menge Hormone schlucken musste und dass ihm die aufs Gemüt schlagen würden. Da sie jetzt den Grund kannte, fand Susanne einen Weg, um ihren Mitarbeiter gleichzeitig zu motivieren und sich im Zweifel schützend vor ihn zu stellen. Beide waren zufrieden, kamen wieder gut miteinander aus und der Mitarbeiter dankte es ihr – nachdem alles vorbei war – mit sehr gutem und unermüdlichem Einsatz.

Bis zu diesem neuerlichen Vorkommen, bei dem die verständnisvolle Mittagessenvariante auch nichts gebracht hatte. Susanne war unglücklich, darüber, dass sie keinen Zugang zu ihrem Mitarbeiter und seinem Problem bekam. Ich entließ Susanne mit der Aufgabe zu überlegen, was dieses Mal anders sei, und ihren Mitarbeiter noch einmal anzusprechen. Zwei Tage später rief sie mich erbost an. Sie hatte herausgefunden, dass ihr Mitarbeiter sich hinter ihrem Rücken bei der Mitarbeitervertretung über ihren Führungsstil beschwert hatte. Sie war erst fassungslos, dann schockiert und dann wütend. „Dem hab ich aber die Meinung gegeigt, das sage ich Ihnen! Der spinnt wohl. Was glaubt der, wer er ist? Den habe ich jahrelang vor unserem Oberchef geschützt. Unglaublich!" Ihr Verständnis und ihre Loyalität waren mit einem Schlag wie weggeblasen. Jetzt war der Ofen aus, und zwar endgültig.

Genau das passiert, wenn Sie Traugott und Traudel einmal zu viel auf die Füße treten bzw. sich in ihren Augen als falsch oder sogar niederträchtig herausstellen. Es ist dann völlig egal, wie lang sie vorher loyal waren. Der ehrliche Umgang miteinander ist ihnen viel wichtiger als z. B. Äußerlichkeiten oder wichtige Jobbeschreibungen und die absolute Grundvoraussetzung für gute Zusammenarbeit. Ähnlich wie Max und Maxima wollen sie auf keinen Fall gedrängt werden, weder bei Entscheidungen noch generell in der Kommunikation. Sie kommunizieren gern persön-

*Traugott und Traudel, die loyalen Unterstützer*

lich und mögen die digitale Variante nicht so gern. Außer, es gibt einen Konflikt auszutragen mit jemandem, mit dem sie grundsätzlich eine gute Beziehung haben. Dann verstecken sie sich ganz gern mal hinter einer Mail. Wie Sie an Susannes Beispiel gesehen haben, können Traugott und Traudel Entscheidungen sehr wohl schnell treffen und vor allem endgültig. Wenn der Beziehungsofen aus ist, dann schaut das Gegenüber auch mit dem Ofenrohr ins Gebirge und die loyalen Unterstützer haben nicht mehr das allergeringste Problem mit Konflikten. Dann werden sie zu den zickigsten, bockigsten Verhandlungspartnern, die ich je erlebt habe. Sie agieren lieber aus dem Herzen und dem Bauch als kontrolliert und strategisch. Sonst sind Traugott und Traudel eher bedächtig unterwegs. Böse, ungeduldige Zungen würden sagen: „Die laufen auf Slow Motion." Dabei wollen sie nur alles von allen Seiten beleuchten, um eine sinnvolle Aussage zu machen oder eine richtige Entscheidung zu treffen.

In der schlechtesten Ausprägung von Traugott und Traudel kann es sein, dass keiner die Verantwortung übernehmen will und somit einfach erst einmal nichts entschieden wird – frei nach dem Motto „Never change a running system". Damit machen sie sich aber nicht immer Freunde. Wenn Sie in einer Besprechung mit mehreren loyalen Unterstützern sitzen, kann es durchaus passieren, dass erst einmal nichts entschieden wird und vor allem nichts vorwärts geht. Das ist für alle anderen Verhandlungstanzpartner schwer auszuhalten. Wenn Traugott und Traudel allerdings etwas entscheiden, hat diese Entscheidung Hand und Fuß und hält jeder Prüfung ganz locker stand.

Wenn Sie selbst zur Gattung der loyalen Unterstützer gehören, machen Sie sich hier noch einmal ganz klar, dass keine Entscheidung auch eine Entscheidung ist. Es passiert tatsächlich öfter, dass die loyalen Unterstützer noch im Entscheidungsfindungsprozess sind, also keine Entscheidung sichtbar ist. Deswegen entscheiden andere über ihren Kopf hinweg. Je nachdem, wie viel Herzblut in dieser Entscheidung steckt, nehmen sie das ganz locker oder sehr persönlich. Es macht ihnen zum Beispiel wenig aus, wenn höhergestellte Personen Entscheidungen für sie treffen. Traugott und Traudel sind absolute Harmoniebolzen und stellen im Zweifel die Harmonie vor das Ergebnis. Falls es für die Stimmung besser ist, geben sie lieber nach, als ihre eigenen Ziele durchzusetzen.

## Quick-Check: Erkennungsmerkmale Traugott/Traudel    **i**

| Aussehen | Kommunikation |
|---|---|
| Klamotten-Lieblingsstücke, manchmal schon weit über deren Zenit – praktisch und wenig gestylt – Äußerlichkeiten nicht wichtig | Lange und ausführlich – brauchen Zeit, um mit jemandem warm zu werden – Persönliches zählt mehr als alles andere – ziehen persönliche Ansprache digitaler vor |
| **Umgebung** | **Verhandlungsformationstanz** |
| Einrichtung praktisch und an ihre persönlichen Bedürfnisse angepasst – viele persönliche Gegenstände, Fotos, Mitbringsel, Geschenke | Langer Reifungsprozess für Entscheidungen – bleiben bei ihren Entscheidungen – sind loyal – wollen nicht gedrängt werden |

## Wer ist Ihr/e Verhandlungstanzpartner/in?

Trägt bequeme Lieblingsstücke,
eher ungeschminkt, eher wenig gestylt?

**NEIN**   **JA**

Händeschütteln als Kontaktaufnahme, herz-
liche Begrüßung bei vertrauten Personen?

**JA**   **NEIN**

Langer und ausführlicher Small Talk nötig,
um miteinander warm zu werden?

**NEIN**   **JA**

Braucht viel persönliche Ansprache und
erwartet auch persönliche Infos von Ihnen?

**JA**   **NEIN**

Positiv wie negativ nachtragend, starkes
Gerechtigkeitsempfinden, Mensch geht vor Geld?

**NEIN**   **JA**

Hasst Ungeduld oder Hektik, Druck,
sich ständig wechselnde Umstände?

**JA**   **NEIN**

Helfer im Hintergrund, fleißige Arbeitsbienen?

**NEIN**   **JA**

*Erkennungshilfe Traugott und Traudel, Teil 1*

Wirkt unscheinbar, hat aber oft
den Überblick? Beraterfunktion?

**NEIN    JA**

Büro, Einrichtung praktisch und
persönlichen Bedürfnissen angepasst?

**JA    NEIN**

Viele persönliche Gegenstände wie
Fotos oder Urlaubserinnerungen?

**NEIN    JA**

Intensive Entscheidungswege, wenn eine
Entscheidung getroffen, dann dauerhaft?

**JA    NEIN**

Hält sich an Absprachen und Versprechen?

**NEIN    JA**

Treffen Entscheidungen eher auf der
Beziehungsebene als auf der Sachebene?

**JA    NEIN**

Zahlen, Daten, Fakten spielen eine
untergeordnete Rolle in der Arbeitsweise?

**NEIN    JA**

Traugott /
Traudel

*Erkennungshilfe Traugott und Traudel, Teil 2*

Und ewig grüßt das Murmeltier, wie im gleichnamigen Film: Setzen Sie sich wieder an Ihre Kladde und finden Sie wieder fünf bis zehn Menschen in Ihrer beruflichen und privaten Umgebung, die Sie Ihrer Meinung nach Traugott und Traudel zuordnen. Schreiben Sie auf, warum Sie denken, dass Sie es hier mit Traugott und Traudel zu tun haben. Tauschen Sie sich mit Freunden und/oder Kollegen aus, ob diese denselben Eindruck haben. Schauen Sie, welche Eigenschaften oder Eigenarten Ihnen am ehesten und leichtesten auffallen. Nach denen können Sie sich dann auch in Stresssituationen leicht richten. Fehlt nur noch eines: Üben, üben, üben Sie das Ganze so, dass es Ihnen in Fleisch und Blut übergeht. Denken Sie an den Faktor 10.000-mal und werden Sie Olympiasieger im Erkennen von Traugott und Traudel.

## Vor dem Verhandlungsformationstanz mit Traugott und Traudel

Kennen Sie in Filmen die Einblendung „Drei Monate vorher", in denen dieser Rückblick wichtig ist, um die Hauptgeschichte zu verstehen? In unserem Fall, also vor dem Verhandlungsformationstanz, stünde da eher mindestens „Ein Jahr vorher". Nicht weil Sie sich und Ihre Argumente so lange vorbereiten müssen, sondern weil es diese Zeit braucht, um eine Beziehung aufzubauen. Deswegen sind Traugott und Traudel in ersten Gesprächen der schwierigste Verhandlungstanzpartner, wenn der Funke nicht sofort überspringt. Springt der Funke über, ist alles paletti. Springt er nicht, wird Ihr Erstgespräch richtig Arbeit. Sie sollten für diesen Fall so gut vorbereitet sein, dass Sie Ihre Argumente auch aufsagen können, wenn Sie nachts um drei geweckt werden. Selbstverständlich sollten Sie Leistungen, Fähigkeiten, Nutzen, Projektlisten, Schwächen, Stärken usw. wie bei allen anderen Verhandlungstanzpartnern gut vorbereitet haben.

Zusätzlich sorgen Sie am besten dafür, dass Sie gute Laune haben. Es sollte Ihnen keine Laus über die Leber gelaufen sein. Wenn doch, strahlen Sie das nicht aus. Wenn Sie bei Nervosität zu roten Flecken neigen, können Sie einen Schal umlegen mit dem Risiko, dass Ihnen das als Versteckenwollen ausgelegt wird. Oder Sie bauen das Adrenalin, durch das die roten Flecken entstehen, vorher ab, indem Sie die Treppe anstatt den Aufzug nehmen, eine U-Bahn-Station vorher aussteigen oder gleich mit dem Fahrrad kommen. Achten Sie darauf, dass Sie bei Ihrer Ankunft schon wieder genug Luft bekommen, um ruhig zu atmen und nicht wie Coyoten-Karl mit hängender Zunge zu hecheln.

## Während dem Verhandlungsformationstanz mit Traugott und Traudel

Sollten Sie schlechte Laune haben und sollte diese Laune nichts mit Ihrem Verhandlungstanzpartner zu tun haben, sprechen Sie es aus. Das gilt übrigens auch für viele der anderen Verhandlungstänzer. Wenn Ihr Gegenüber weiß, dass er nicht der Auslöser ist und dass es vor allem nichts mit der Verhandlung zu tun hat, kann er vieles gelassener nehmen.

### Elektronischen Kalender fallen gelassen

In der Pause eines Studentenworkshops ging ich auf die Toilette, dabei rutschte mir mein elektronischer Kalender aus der Jackett-Tasche und knallte auf die Fliesen. Das Display war kaputt und mein Fluchen vermutlich meilenweit hörbar. Es war besonders ärgerlich, da es sich um ein geliehenes Gerät eines befreundeten Journalisten handelte, solange mein eigentlicher in der Reparatur war. Doppeltes Pech!

Wutschnaubend stapfte ich zurück in den Raum zu meinen Teilnehmern. Mit folgenden Worten hielt ich das Gerät in ihre Richtung: „Sehen Sie das? Ich bin stinksauer. Ich weiß, Sie können nichts dafür. Allerdings ist es vermutlich für Sie und mich besser, wenn Sie in den nächsten zwei Stunden genau das tun, was ich sage. Und nehmen Sie am besten nichts persönlich." Damit waren die Fronten geklärt, meine Studenten lachten und der restliche Nachmittag verlief reibungslos.

Bitte achten Sie in jedem Fall darauf, dass Sie nur kurz und wenn möglich mit Humor den Auslöser Ihrer schlechten Laune benennen und keinesfalls in größere Jammertiraden ausbrechen. Jammern bringt Ihnen zwar vielleicht kurzfristige Solidarität, jedoch werden Traugott und Traudel die nächste Gelegenheit nutzen und zurückjammern. Neigen Sie persönlich etwa generell zum Jammern? Dann rufe ich Ihnen gerne Folgendes zu:

# Tu mir einen großen Gefallen:

- ☐ Schwing die Hufe & tu was.

- ☐ Denk ernsthaft & jetzt darüber nach.

- ☐ Lerne leiden – ohne zu jammern.

Treffen Sie Ihre Entscheidung, berücksichtigen Sie dabei die Konsequenzen und handeln Sie danach. Es kann Ihnen übrigens passieren, dass die loyalen Unterstützer Sie benutzen, um Sie zuzutexten. Zumindest kann es sein, dass Ihnen das so vorkommt, wenn Sie selbst nicht zu diesem Verhandlungstypen zählen. Auf der Beziehungsebene kann gemeinsames Jammern zusammenschweißen. Vorsicht: Wenn das die Grundlage der Beziehung ist, wird es sehr schnell anstrengend und wahrscheinlich auch lästig. Dann stellt sich die Frage, ob das Verhandlungsergebnis das wert ist. Verstehen Sie mich bitte richtig: Es ist sehr wichtig, die Beziehung zu Traugott und Traudel zu pflegen und vor allem im Vorfeld aufzubauen. Jedoch sollten Sie dabei immer im Auge behalten, was Ihnen guttut. Wenn Sie z. B. Dienstleister auf Stundenbasis sind, tun Sie gut daran, vorher zu klären, für welche Stunden welcher Preis bezahlt wird.

Zum Einstieg in einen Formationsverhandlungstanz achten Sie bitte in jedem Fall darauf, dass sich Ihre Tanzpartner wohlfühlen. Fragen Sie nach, wenn Sie das Gefühl haben, dass etwas im Argen liegt. Wenn die Beziehungsebene stimmt, werden die loyalen Unterstützer Ihnen entweder Ihr Herz ausschütten und dankbar sein oder sich dank der Aufmerksamkeit zusammenreißen und sich Ihnen voll und ganz zuwenden. Erst dann sollten Sie sich auf den inhaltlichen Teil der Verhandlung konzentrieren.

Achten Sie darauf, dass Sie gemeinschaftliche Leistungen in den Vordergrund stellen. Wie bei allen anderen Verhandlungstanzpartnern sollten Sie alle Schrittfolgen, d. h. Ihre Leistungen, Fähigkeiten usw. griffbereit haben. Beim Formationstanzen ist es extrem wichtig, dass alle Paare synchron tanzen. Auf Traugott und Traudel übertragen bedeutet das, dass Teamleistung meist vor Einzelleistung geht und es den loyalen Unterstützern wichtiger ist, ob Sie gut im Team sind, als dass Sie ein besonderer Experte sind. Eine Teamleistung ist immer besser als die beste Einzelleistung aus demselben Team. Das ist zwar vermutlich nicht der Grund, trotzdem werden diese Verhandlungstänzer immer eher von „Wir" sprechen, als vom eigenen „Ich". Falls Sie selbst zu Domenik/Domenika oder Star/Stella gehören, sollten Sie sich während des Gesprächs extrem zurückhalten mit Ihren „Ich"-Formulierungen. Das käme bei Traugott und Traudel nicht gut an.

Sorgen Sie dafür, dass Sie beim sachlichen Inhalt, also den Schritten Ihres Verhandlungsformationstanzes, wirklich sicher sind. Nur dann können Sie sich darauf konzentrieren, währenddessen wahrzunehmen, was auf der Beziehungsebene passiert. Sie können beobachten und entsprechend reagieren und die Harmonie im Raum aufrechterhalten. Die Harmonie wird Traugott und Traudel in jedem Fall mehr im Gedächtnis bleiben als der inhaltliche Teil. Fragen Sie auch bei diesem Tanzpartner immer sofort nach, wenn Ihnen etwas komisch vorkommt. Sie ersparen sich damit mögliche Missverständnisse.

Im Gespräch werden sich die loyalen Unterstützer Ihnen meistens zuwenden. Wenn das nicht so ist, sollten Sie vorsichtig nachfragen, ob Sie etwas falsch gemacht haben. Es kann gut sein, dass die loyalen Unterstützer gerade an etwas anderem „zu beißen haben" und erst wieder gut kommunizieren können, wenn das andere erledigt ist.

Bei diesen Verhandlungstanzpartnern lohnt es sich besonders, die Körperhaltung zu spiegeln und damit das Gefühl der Akzeptanz zu untermauern. Probieren Sie das mit Freunden aus. Setzen Sie sich gegenüber und unterhalten Sie sich. Einer spiegelt den anderen in der Körperhaltung. Das bedeutet, Sie machen im weitesten Sinne seine Bewegungen nach. Schauen Sie, wie Sie und/oder der andere sich fühlen. Normalerweise erzeugt das ein Gefühl der Zusammengehörigkeit.

Während der Verhandlung lassen sich Traugott und Traudel ungern auf etwas festnageln. Setzen Sie sie deshalb nicht unter Druck. Selbst wenn Ihnen die loyalen Unterstützer in einer totalen Beziehungseuphorie eine wesentliche Gehaltserhöhung anbieten, machen Sie erst einmal langsam. Bei jedem anderen Typen würde ich Ihnen raten: Greifen Sie zu. Machen Sie es schriftlich. Bestehen Sie darauf. Bei den loyalen Unterstützern kann das nach hinten losgehen. Wenn die sich nämlich am nächsten Tag über den Tisch gezogen fühlen, werden Sie Ihres Lebens nicht mehr froh. Die Beziehung ist auch im Eimer und Sie können sich weitere Verhandlungstänze sparen.

Das Wichtigste während der Verhandlung ist, dass Sie fair bleiben und dass das Ergebnis für beide Seiten passt. Das ganze Gespräch sollte auf Augenhöhe stattfinden. Sie sollten auf die Bedürfnisse von Traugott und Traudel eingegangen sein. Fassen Sie in jedem Fall am Ende des Verhandlungsformationstanzes alles zusammen und lassen Sie es sich von Ihrem Gegenüber bestätigen.

## Nach dem Verhandlungsformationstanz mit Traugott und Traudel

Nach einem Formationsturnier wird gemeinsam geduscht und gefeiert. Gut, das mit dem Duschen braucht es nach der Verhandlung nicht unbedingt, da Sie gerade bei Traugott und Traudel vermutlich nicht besonders ins Schwitzen geraten sind. Das gemeinsame Feiern jedoch ist eine wichtige Komponente beim Verhandlungsformationstanz, bevor in ein neues Projekt gestartet wird – ähnlich wie bei einer Formation in eine neue Choreografie.

Der wichtigste Punkt jedoch ist: Die Beziehung zu Traugott und Traudel zu halten geht nach der Verhandlung munter weiter. In diesem Fall ist nach der Verhandlung sofort wieder vor der Verhandlung. Nicht umsonst wird oft von „Beziehungsarbeit" gesprochen. Wenn Sie also aufhören und kurz vor der nächsten Verhandlung wieder anfangen, werden die loyalen Unterstützer Ihnen das verübeln – und das hilft wenig bis gar nichts für die nächste Verhandlung. Beziehungsarbeit zwischen den Verhandlungsformationstänzen funktioniert im Übrigen nur, wenn Sie es ehrlich meinen und wirklich an den Menschen Traugott und Traudel interessiert sind.

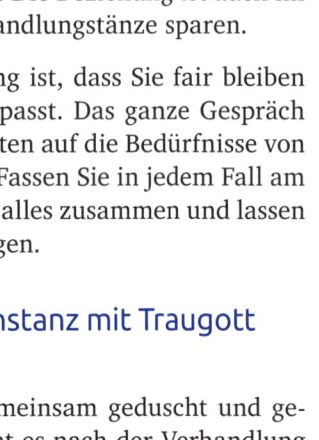

Die loyalen Unterstützer legen größten Wert auf das Persönliche und sind positiv wie negativ extrem nachtragend. Aktives Zuhören als Lebenseinstellung bringt Sie hier am weitesten – das hilft übrigens auch bei den anderen Typen. Seien Sie sich selbst treu, akzeptieren Sie die Unterstützer auf gleicher Ebene. Zeigen Sie ihnen diese Akzeptanz. Sie werden Ihnen treu werden, sein und vor allem bleiben.

## Mischa und Mascha – die Mischung machts!

Jetzt kennen Sie alle vier Verhandlungstanzpartner. Hoffentlich erkennen Sie sie auch in Ihrem nächsten Verhandlungstango. Sie haben jede Menge Hinweise erhalten, wie Sie mit den einzelnen Tanzpartnern umgehen können. Jetzt ist der Zeitpunkt strategisch günstig, dass Sie sich selbst zuordnen. Ich höre Sie förmlich sagen, dass Sie eher von jedem Typen etwas haben. Wissen Sie was? Sie haben recht! In jedem von uns stecken alle vier Verhandlungstänzer und die kommen je nach Situation und Tagesform entsprechend ans Licht. Grundsätzlich kann Ihnen außerdem jede Mischung begegnen. Das ist wie beim Tanzen, da spielen alle möglichen Faktoren mit: die Musik, der Tanz, die Fläche oder andere Tanzpaare. Im Partnercheck im nächsten Kapitel habe ich eine Übersicht für Sie vorbereitet, wer mit wem und wie am besten klarkommt.

Leider bleibt ein Mensch auch nicht immer der gleiche Typ. Sie können sich also nicht darauf verlassen, wenn Sie Ihr Gegenüber erst einmal zugeordnet haben. Deswegen ist es so wichtig, dass Sie immer wieder üben, mit den verschiedenen Tanzpartnern die verschiedenen Tänze zu tanzen. Am besten üben Sie das in Rollenspielen – ja, ich weiß, die können Sie nicht leiden –, nehmen das Ganze auf und analysieren es. Sie wissen schon, 10.000-mal oder bis es Ihnen zu den Ohren wieder herauskommt.

Ich habe Ihnen noch ein Beispiel mitgebracht, in dem ich Ihnen die explosivste Mischung der Verhandlungstanzpartner beschreibe: Domenik gepaart mit Star.

### Anna, 26, Projektleiterin

Anna studierte Informatik in Bremen und hatte bereits während des Studiums 20 Stunden pro Woche als Projektleiterin im Unternehmen gearbeitet. Nach ihrem Abschluss ging sie gut vorbereitet und trotzdem mit weichen Knien in ihren ersten echten Verhandlungstango. Sie handelte sehr gute 82.000 € per anno heraus, mit einer Option auf 20 % mehr nach einem halben Jahr.

Annas Chef ist eine sehr explosive Mischung aus Domenik und Star. Er fährt einen 7er-BMW und einen Porsche. „Casual" bedeutet bei ihm ohne Krawatte und in Meetings lacht er vor allem über seine eigenen Witze am lautesten. Bei Weihnachtsfeiern oder Ähnlichem muss alles edel und groß sein und er lädt selbstverständlich gönnerhaft ein. Anna dachte an ihr ziemlich geschundenes Innenleben beim ersten Gespräch und übte die nächste Runde immer und immer wieder, spielte alle Eventualitäten durch und fühlte sich fast schon sicher.

Das halbe Jahr verstrich, das ausgehandelte Gehalt wurde ihr zwar ausgezahlt, der geänderte Vertrag, unter anderem mit mehr Urlaubstagen, ließ aber auf sich warten und Annas Chef kam natürlich nicht – wie versprochen – von selbst auf sie zu. Für ihn reichte es vermutlich, dass er ihr ausdrücklich mehrmals gesagt hatte, wie wichtig sie für ihn und das Team sei, und dass er sehr interessiert daran sei, dass es ihr in ihrer Arbeit gut ginge.

Anna nahm sich ein Herz und sprach mit ihrem Chef, der sagte lapidar: „Stell mir den Termin ein." Der erste eingestellte Termin wurde dreimal verschoben – klassisches Machtspielchen –, bis Anna der Kragen platzte und sie ihrem Chef sagte, dass es jetzt wirklich und endgültig Zeit für das anstehende Gespräch sei. Der nächste Termin wurde angesetzt und Anna übte zur Sicherheit weiter fleißig ihre Argumente und Reaktionen. Der Termin sollte an einem Mittwoch stattfinden und am Donnerstag davor musste sie feststellen, dass ihr Chef die ganze nächste Woche Urlaub eingetragen hatte – natürlich ohne den Termin zu verschieben oder ihr Bescheid zu sagen. Sie war gelinde gesagt schockiert und sprach ihm genervt aufs Handy, was er sich dabei denke. Nach dem Urlaub gab es einen neuen Termin, der wegen „wichtiger" anderer Besprechungen wiederum zweimal verschoben wurde. Anna war inzwischen stinksauer und übte mit mir, genau das auch auszusprechen. Die Wut überwog ihre Angst inzwischen bei Weitem.

Am Tag, an dem der Termin tatsächlich stattfinden sollte, schrieb sie mir morgens eine SMS: „Heute gibt's gegrillten Chef am Spieß!" Den Verhandlungstango eröffnete sie mit den Worten: „Ich fühle mich von dir kein bisschen ernst genommen, du machst jede Menge leere Versprechungen und außerdem darf ich mich auch noch bei unserem Kunden für dich rechtfertigen." Danach biss sie sich förmlich auf die Zunge, um nichts mehr zu sagen. Pausen sind bei diesem Mischtyp sehr wirkungsvoll.

Ihr Chef reagierte fast cholerisch, wurde laut und sagte ihr, was sie sich einbilde und sie sei eindeutig zu weit gegangen. Sie könne sich gerne einen neuen Job suchen, weil das ja wohl jeglicher Basis entbehre. Anna hielt der Tirade stand und untermalte ihren vorherigen Frontalangriff mit sauberen Argumenten und Beispielen. Ihr Chef wurde ruhiger und gestand ihr am Ende sogar zu, dass sie ihn zukünftig direkt und sofort auf sein Fehlverhalten aufmerksam machen solle.

Zwei Wochen später: Nachdem sie ihm noch mehrmals auf die Füße gestiegen war, hatte sie – wiederum zwei Wochen später – den Vertrag mit zehn zusätzlichen Urlaubstagen und einer saftigen Bonuszahlung in ihren Händen. Sie erzählte mir beides freudestrahlend und setze dann nach: „Während des Gesprächs wäre ich fast gestorben und hab schon gedacht: Oh Gott, oh Gott, jetzt bin ich zu weit gegangen. Doch ich habe es ausgehalten und weiß jetzt, das war der einzige Weg, um seinen Respekt zu gewinnen. Jetzt weiß er definitiv, dass er so mit mir nicht umspringen kann. Es ist mir sowohl in der Verhandlung als auch danach sehr schwergefallen, hart zu bleiben und dranzubleiben, doch es hat sich gelohnt."

Die Mischung Domenik/Star ist vor allem in den oberen Etagen von großen Unternehmen und Konzernen sehr häufig vertreten. Das Beispiel zeigt, dass es bei dieser Mischung neben der exzellenten Vorbereitung sehr wichtig ist, dass Sie etwas aushalten. Bleiben Sie zumindest äußerlich ruhig, wenn Sie angeschrien werden, und nehmen Sie es nicht persönlich. Ich weiß, das ist unglaublich schwer, im

Moment noch nicht einmal vorstellbar, oder? Das war es für Anna auch nicht. Sie war einfach irgendwann so weit, dass die Wut die Angst überwog und sie keinen anderen Weg sah. Sie wollte sogar schon kündigen und hat das nur unterlassen, weil ich ihr prophezeit habe, dass sie diesen Tanzpartner im nächsten Job dann wieder serviert bekommt, bis sie diese Lektion gelernt hat. So ist das mit dem Leben, es lehrt uns jede Menge spannende Dinge, so lange und jedes neue Mal eine Nummer stärker, bis wir es verstanden haben. Anna fand das ziemlich doof und zog es trotzdem durch. Heute – zwei Jahre später – hat sie den Job gewechselt. Sie hat jetzt eine Chefin, die eine Mischung aus Maxima, Stella und Traudel ist und kommt mit ihr bis jetzt gut klar.

Mischa und Mascha werden Ihnen täglich begegnen. Finden Sie heraus, welche Tanzpartner in Mischa und Mascha den inneren Verhandlungstango tanzen. Nutzen Sie die Erkenntnisse, die Sie für jeden einzelnen Tanzpartner gesammelt haben. Behalten Sie dabei Ihr Ziel im Auge und wenden Sie Ihr Wissen typ- und situationsgerecht an.

## Partnercheck I: Wer kann wie und mit wem am besten?

### ✔ Selbstständigen-Rechnungstipp für alle Verhandlungstanzpartner

Berechnen Sie Ihre Leistungen auf zeitlicher Basis? Dann klären Sie genau ab, was berechnet wird und was nicht. Schreiben Sie alle Posten, die Sie kostenfrei obendrauf geben wie z. B. Besprechungen, Telefonate, Essen, Korrekturschleifen, Materialeinkauf usw. mit auf Ihre Rechnung mit dem Zusatz – ohne Berechnung. So sieht Ihr Kunde, was Sie wirklich tun und was Sie berechnen.

### ✔ Selbstständigen-Stundensatz-Tipp

Wenn Sie sich gerade erst selbstständig gemacht haben, haben Sie vielleicht das Gefühl,

- dass Sie ja noch nicht so viel verlangen können,

- dass Sie noch üben bzw. Erfahrung sammeln müssen,

- dass Sie nicht schnell genug sind.

Bitte, bitte steigen Sie trotzdem oder gerade deswegen mit einem vernünftigen und keinem Dumping-Stundensatz ein. Wenn Sie zu niedrig einsteigen, wird es sehr schwer, den Stundensatz dann zu erhöhen. Sie können immer noch Stunden verschenken oder einen einmaligen Erstkundenrabatt oder Ähnliches machen. Schreiben Sie das dann wieder wie oben beschrieben auf die Rechnung. Außerdem gelten alle beruflichen und kommunikativen Erfahrungen, die Sie vorher in Ihrem Angestelltenleben gemacht haben natürlich weiter. Diese haben schließlich Sie persönlich und nicht Ihr Unternehmen gemacht, oder? Deshalb dürfen sich diese Erfahrungen auch in Ihrem Stundensatz widerspiegeln.

## Kein Rabatt ohne Gegenleistung

Wenn ein Verhandlungstanzpartner einen Rabatt will, stellen Sie klar, dass Sie sehr gerne einen Rabatt geben, jedoch nur für eine entsprechende Gegenleistung. Ich schreibe z. B. meinen Klienten 5 % der ersten drei Rechnungen, die ich an von ihnen empfohlenen Personen/Unternehmen stelle, auf deren Coaching-Konto gut. Eine meiner Klientinnen hat auf diese Weise immer ein großes Plus auf Ihrem Coaching-Konto, das sie laufend durch neue Empfehlungen auffüllt. Eine klassische Win-win-Situation.

Trauen Sie sich ruhig, Ihre Verhandlungstanzpartner darauf anzusprechen, unter welchen Umständen sie Sie empfehlen würden. Sie werden sehen, einige kommen dann erst auf die Idee, Weiterempfehlungen auszusprechen.

## Partnercheck

- Welchem Verhandlungstanzpartner ordnen Sie sich am ehesten selbst zu? Warum?

- Welcher ist Ihr zweitstärkster innerer Verhandlungstanzpartner?

- Welchen Tanzpartnern ordnen Sie Ihre bisherigen Gegenüber zu? Machen Sie sich am besten eine Liste und überprüfen Sie diese immer wieder.

- Welcher Tanzpartner ist Ihr Lieblingsverhandlungstanzpartner? Warum ist er/sie das? Ist es der Ihnen ähnlichste oder der gegensätzlichste?

> • Mit welchem Tanzpartner kommen Sie gar nicht klar? Woran
> könnte das liegen?
>
> Üben Sie den Partnercheck so oft wie möglich. Dann können
> Sie sich in Zukunft locker, leicht und schnell auf Ihr Gegenüber
> einstellen.

Am leichtesten wird Ihnen das Tanzen und Verhandeln mit den
unterschiedlichen Partnern fallen, wenn Sie alle vier auch selbst
beherrschen. Dann können Sie je nach Bedarf den richtigen heraus-
ziehen und einsetzen. Schlimmstenfalls auch als gespielte Rolle. Die
sollten Sie dann allerdings umso mehr üben, sonst sind Sie unglaub-
würdig. Probieren Sie es aus und haben Sie Spaß dabei!

In der folgenden Tabelle zeige ich Ihnen was den Verhandlungstanz
mit den verschiedenen Tanzpartnern ausmacht und gebe Ihnen jeweils einen Tipp dazu. Suchen Sie in der linken Spalte, welcher Typ
Sie am ehesten sind und dann rechts den jeweiligen Partner.

| Partner / Sie selbst | Max/Maxima 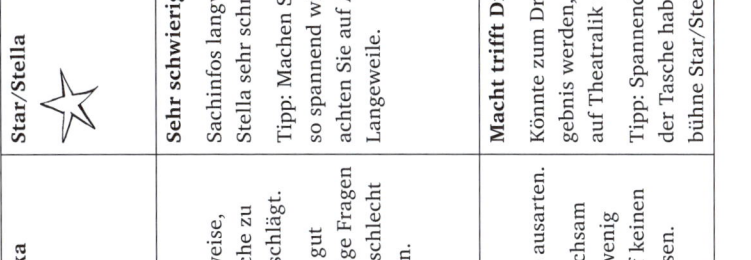 | Domenik/Domenika | Star/Stella  | Traugott/Traudel |
|---|---|---|---|---|
| **Max/Maxima** | **Idealfall**<br><br>Gleichberechtigter Verhandlungswalzer findet sachlich und fair ohne Spielchen und Machtgehabe statt.<br><br>Tipp: Bereiten Sie sich sehr gut vor und gehen Sie systematisch vor. | **Sache trifft Macht**<br><br>Achten Sie auf Hinweise, wann es von der Sache zu Machtspielchen umschlägt.<br><br>Tipp: Seien Sie sehr gut vorbereitet auf heftige Fragen zu Schwächen oder schlecht gelaufenen Projekten. | **Sehr schwierig!**<br><br>Sachinfos langweilen Star/Stella sehr schnell.<br><br>Tipp: Machen Sie den Inhalt so spannend wie möglich und achten Sie auf Anzeichen von Langeweile. | **Beziehungsübung**<br><br>Persönliches ist die Voraussetzung für ein gutes Ergebnis. Nur über die Sache geht da nichts.<br><br>Tipp: Achten Sie darauf, neben den Sachinfos auch Persönlichem Raum zu geben. Interessieren Sie sich ehrlich für Ihr Gegenüber. |
| **Domenik/Domenika** | **Macht trifft Sache**<br><br>Auf Druck reagieren sie allergisch und die Sache ist gelaufen.<br><br>Tipp: Konzentrieren Sie sich unbedingt auf die Sache. Streichen Sie alles andere. | **Explosionsgefahr**<br><br>Machtspiele können ausarten.<br><br>Tipp: Ruhig und wachsam bleiben. Möglichst wenig provozieren und auf keinen Fall provozieren lassen. | **Macht trifft Diva**<br><br>Könnte zum Drama ohne Ergebnis werden, wenn Angriff auf Theatralik trifft.<br><br>Tipp: Spannende Angebote in der Tasche haben. Die Hauptbühne Star/Stella überlassen. | **Einschüchterungsgefahr**<br><br>Macht und Druck führen zu Verweigerung und Trotzreaktion.<br><br>Tipp: Machen Sie langsam. Lassen Sie Raum und Zeit für ein Miteinander. |

| Partner / Sie selbst | Max/Maxima | Domenik/Domenika | Star/Stella | Traugott/Traudel |
|---|---|---|---|---|
| **Star/Stella** | **Konzentrationssache**<br>Sensationen und besondere Vorkommnisse stoßen auf taube Ohren. Es zählen nur messbare Fakten.<br><br>Tipp: Bereiten Sie sich extrem gut und perfekt vor und bleiben Sie bei der Sache. | **Verbrennungsgefahr**<br>Rampenlicht und Macht vertragen sich nicht. Vorsicht: Neid kann zu Angriffen führen.<br><br>Tipp: Zeigen Sie, dass Sie auch etwas bewegen. Stellen Sie Ihre Erfolge und Ihren persönlichen Anteil daran ins Rampenlicht. | **Es kann nur einen geben.**<br>Wenn sich beide gegenseitig überstrahlen wollen, kommt nichts Gutes, allenfalls Neid dabei heraus.<br><br>Tipp: Hier ist Fingerspitzengefühl gefragt. Lassen Sie dem anderen mehr Rampenlicht. | **Strahlungsgefahr**<br>Dampfplauderei widert sie an und sie fühlen sich davon persönlich angegriffen.<br><br>Tipp: Halten Sie sich zurück. Nutzen Sie Ihr Strahlen für die Beziehungsarbeit. |
| **Traugott/Traudel** | **Sachliche Harmonie**<br>Beziehungskram und unsachliches Geplänkel gehen denen nur auf die Nerven und halten vom Ergebnis ab.<br><br>Tipp: Vermeintliche sachliche „Kälte" nicht persönlich nehmen. Bleiben Sie ausschließlich bei den Fakten. | **Achillesfersen-Alarm**<br>Macht lässt einen rauen Wind wehen. Treffsichere Angriffe.<br><br>Tipp: Lassen Sie sich nicht einschüchtern. Seien Sie mutig und bewahren Sie Haltung. Üben Sie Schlagfertigkeit. | **Nervennahrung**<br>Action und Spannung wirken am besten. Harmonie wird als Langeweile empfunden.<br><br>Tipp: Schmeicheln Sie ihnen, auch wenn es schwerfällt. Verabschieden Sie Ihren Beziehungswunschendgültig. | **Kuschelalarm**<br>Zu 90 % geht es um alles Mögliche, zu 10 % um die Fakten.<br><br>Tipp: Seien Sie sich sehr klar, was Sie wollen und am Ende hartnäckig, sonst gibt es kein Ergebnis. |

# Exkurs: Interview mit Sylvia Löhken, der Expertin für Intros und Extros

Die Frage, ob wir intro- oder extrovertiert sind, also nach innen oder nach außen gewandt, prägt unsere Persönlichkeit sehr tief. Dieser Unterschied ist ähnlich wichtig wie die Frage, ob wir männlich oder weiblich sind – und wirkt sich damit natürlich auch auf unseren Tanzstil beim Verhandeln aus. Jeder Mensch verfügt über introvertierte und extrovertierte Wesenszüge. Dabei werden wir meistens mit einer Tendenz zu Intro- oder zu Extroversion geboren – und haben damit bestimmte Eigenschaften, die uns und unser Verhalten prägen. In ihrem Buch „Intros und Extros" zeigt Sylvia Löhken, was dieser „andere kleine Unterschied" für uns und andere bedeutet. Ich habe mit ihr über die Unterschiede zwischen den Verhandlungstänzern gesprochen.

*Extro*

*Intro*

**C. K.:** Ich unterteile in vier Tanzpartner: Max und Maxima – die strategischen Gewinnmaximierer, Domenik und Domenika – die ultimativen Powerpakete, Star und Stella – die mitreißenden Entertainer und Traugott und Traudel – die loyalen Unterstützer. Wen würdest du wie zuordnen? Oder kannst du das überhaupt so zuordnen?

**S. L.:** Du sagst es in deinem Buch ja selbst, Claudia: Wir sind alle Mischungen. Das gilt für Intros und Extros genauso. Niemand ist 100 % Intro oder 100 % Extro. Es gibt auch nicht die 100 % Traudel oder den 100 % Star. Tanzen tun wir alle gern und auf unsere eigene Art. Lass uns mal wie bei den Tanzpartnern von Intros und Extros in reiner Form ausgehen. Was stresst sie am meisten in der Verhandlung? Wir fangen mal mit deinem Persönlichkeitstypus an, gehen wir also von der Extro-Perspektive aus, dann sind für die Extros in der Verhandlung Max und Maxima womöglich eine harte Nummer.

**C. K.:** Genau, ich als Extro müsste mich am Ende vorbereiten oder so was Ekelhaftes.

**S. L.:** Genau, und gerade das ist wahnsinnig wichtig für Max und Maxima – das gehört zur introvertierten Seite. Wenn du da nicht vorbereitet bist, dann kannst du nur verlieren. Die beiden merken das nämlich, weil ihnen selbst ein sorgfältiges Vorbereiten wahnsinnig wichtig ist. Und deswegen ist es ganz, ganz wichtig, diese Hausaufgabe zu machen – und wenn die Verhandlung wichtig genug ist, dann geht das doch. Dann hat man den Erfolg quasi schon im Kasten, ich kann ihn im Vorfeld planen. Im Zweifel lässt sich ein Teil der Vorbereitung delegieren. Die zweite überwiegende Intro-Persönlichkeit sind Traugott und Traudel. Die sind eher menschenorientiert als sachorientiert, aber gleichzeitig eher introvertiert. Für die beiden ist Vertrauen das Wesentliche.

**C. K.:** Ja, auf alle Fälle.

**S. L.:** Wenn du da das Vertrauen verspielst, und das sagst du ja selbst auch in deinen Ausführungen, dann kannst du bei Traugott und Traudel keinen Blumentopf gewinnen, wie man bei uns im Ruhrpott sagt. Ganz, ganz wichtig ist es, die Beziehungsebene so zu pflegen, dass Traugott und Traudel wissen, sie können sich auf dich verlassen. Du hältst Zusagen ein, du hältst dich an Vereinbartes, du erinnerst dich an Wichtiges. So was ist für sie die Basis.

**C. K.:** Wie sieht es mit den Extros unter meinen Verhandlungstanzpartnern aus?

**S. L.:** Star und Stella sind eher extrovertiert, und ich rede jetzt aus meiner Intro-Perspektive: Uns Intros stresst manchmal dieses ständige Bedürfnis nach dem Scheinwerferlicht. Und da rufe ich meinen Mit-Intros zu: „Gönnt es ihnen!" Star und Stella sind wahnsinnig kreativ, die sind wahnsinnig flexibel und die sind auch wahnsinnig freundlich und menschenzugewandt. Gönnt ihnen, dass sie gern in den Hochstatus, das bedeutet, sich über den anderen stellen, gehen und im Zentrum der Aufmerksamkeit stehen möchten.

**C. K.:** Dann haben wir noch Domenik und Domenika. Im Umgang mit denen wird es jetzt für die Intros ganz haarig oder?

**S. L.:** Ja! Es ist einfach wahnsinnig stressig, wenn man als Intro Domenik oder Domenika als Gegenüber hat, die als bossy bis übergriffig rüberkommen. Domenik und Domenika sind sachorientiert und extrovertiert. Liebe Mit-Intros: Haltet den Druck aus und nehmt ihn bitte nicht persönlich. Wir Intros sind relativ leicht gestresst von äußerem Druck, und bei Domenik und Domenika gehört das mit zum Spiel. Also: gut durchatmen, tief durchatmen. Sachorientiert seid ihr auch. Sorgt einfach dafür, dass ihr eine deutliche Grenze zieht zwischen euren Verhandlungspartnern und eurer eigenen Persönlichkeit. Alles Gute dafür.

**C. K.:** Danke schön, liebe Sylvia.

Wenn Sie noch mehr über Intros und Extros wissen wollt, dann lesen Sie bei Sylvia Löhken nach.[4]

*Dr. Sylvia Löhken www.intros-extros.com Foto: Uwe Klössing, Die Hoffotografen*

---

[4] Sylvia Löhken: Intros und Extros – Wie sie miteinander umgehen und voneinander profitieren

# Aufforderung zum Verhandlungstanz

Wie ist das mit dem Auffordern? Wer fordert wann und vor allem wen auf? Erinnern Sie sich noch an Ihren ersten Tanzkurs? Als die Jungs auf der einen Seite des Saals standen und die Mädels auf der anderen? Ja? Gut. Wenn nicht, haben Sie zumindest schon davon gehört und sich wahrscheinlich als Teenager köstlich über die anderen amüsiert.

Dann kam die große Musterung, die Jungs suchten das erste „Opfer", die Mädels wählten ihren Favoriten und versuchten, ihn mental und mit Blicken zur Aufforderung zu bewegen. Doch wer hat jetzt wen aufgefordert und nach welchen Regeln ist das abgelaufen? In der Tanzschule war es eindeutig: Die Herren forderten die Damen auf und ganz selten gab es Damenwahl. Zumindest war das die Vorgabe. Und wie war es tatsächlich? Sind die Damen wirklich sitzen geblieben und haben gewartet, bis die Herren kamen, um sie aufzufordern?

Naja einige, also wahrscheinlich die meisten, schon. Einige haben sich vorher abgesprochen und andere haben mit weiblichen Reizen nonverbalen Einfluss ausgeübt. Die ganz vorlauten, frechen Damen haben einfach – selbst ist die Frau – die Zügel in die Hand genommen und sich den Herren ihrer Wahl geholt, zugegeben auch manchmal mehr auf die Fläche gezerrt als aufgefordert, da war der Weg auch schon mal das Ziel. Und was ist passiert? Diese Mädels, die sich den Regeln widersetzt haben, haben Aufmerksamkeit erregt, positive wie negative. Vom bewundernden „Schau dir die an, die traut sich was" bis hin zu „Ey, die schmeißt sich wieder jedem an den Hals" war alles dabei.

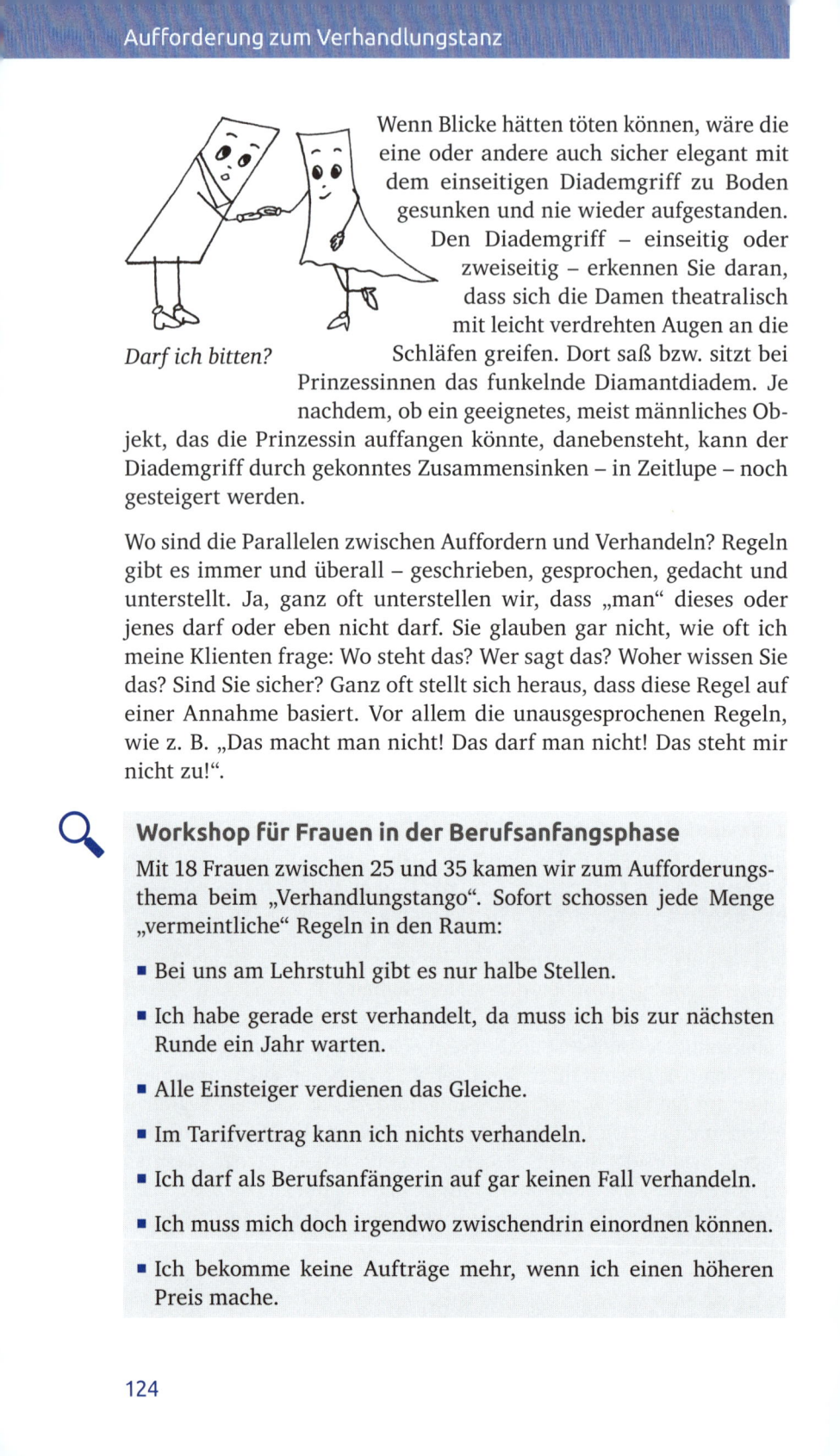

Wenn Blicke hätten töten können, wäre die eine oder andere auch sicher elegant mit dem einseitigen Diademgriff zu Boden gesunken und nie wieder aufgestanden. Den Diademgriff – einseitig oder zweiseitig – erkennen Sie daran, dass sich die Damen theatralisch mit leicht verdrehten Augen an die Schläfen greifen. Dort saß bzw. sitzt bei Prinzessinnen das funkelnde Diamantdiadem. Je nachdem, ob ein geeignetes, meist männliches Objekt, das die Prinzessin auffangen könnte, danebensteht, kann der Diademgriff durch gekonntes Zusammensinken – in Zeitlupe – noch gesteigert werden.

*Darf ich bitten?*

Wo sind die Parallelen zwischen Auffordern und Verhandeln? Regeln gibt es immer und überall – geschrieben, gesprochen, gedacht und unterstellt. Ja, ganz oft unterstellen wir, dass „man" dieses oder jenes darf oder eben nicht darf. Sie glauben gar nicht, wie oft ich meine Klienten frage: Wo steht das? Wer sagt das? Woher wissen Sie das? Sind Sie sicher? Ganz oft stellt sich heraus, dass diese Regel auf einer Annahme basiert. Vor allem die unausgesprochenen Regeln, wie z. B. „Das macht man nicht! Das darf man nicht! Das steht mir nicht zu!".

## Workshop für Frauen in der Berufsanfangsphase

Mit 18 Frauen zwischen 25 und 35 kamen wir zum Aufforderungsthema beim „Verhandlungstango". Sofort schossen jede Menge „vermeintliche" Regeln in den Raum:

- Bei uns am Lehrstuhl gibt es nur halbe Stellen.

- Ich habe gerade erst verhandelt, da muss ich bis zur nächsten Runde ein Jahr warten.

- Alle Einsteiger verdienen das Gleiche.

- Im Tarifvertrag kann ich nichts verhandeln.

- Ich darf als Berufsanfängerin auf gar keinen Fall verhandeln.

- Ich muss mich doch irgendwo zwischendrin einordnen können.

- Ich bekomme keine Aufträge mehr, wenn ich einen höheren Preis mache.

- Was kann ich denn verlangen?

- Mein Chef müsste mir doch selbst etwas anbieten.

Jede Einzelne war überzeugt, dass diese Regeln in Stein gemeißelt und sie selbst völlig machtlos seien. Durch sehr genaues Nachfragen von mir und den anderen Teilnehmerinnen kamen die meisten erst überhaupt auf die Idee, genauer hinzuschauen und diese Regeln zu hinterfragen. In den anschließenden Wochen bekam ich einige Mails von Teilnehmerinnen, die sich getraut haben aufzufordern. Sie sind dabei nicht im Boden versunken und haben alle – also zumindest alle, die mir geschrieben haben – etwas gewonnen, z. B. die erste Vollzeitstelle für eine Doktorandin an dieser Uni, eine Steigerung des Einstiegsgehalts vor Abschluss des Programms und die Erkenntnis, dass auch beim doppelten Honorarsatz noch Kunden die Dienstleistung buchen.

Haben Sie das eine oder andere auch schon mal gedacht? Fühlen Sie sich ertappt? Na, dann wird es Zeit, genauer hinzuschauen. Am besten jetzt! Hinterfragen Sie, woher Ihre Information kommt und ob eventuell eine klitzekleine Selbstblockade dahinterstecken könnte. Sie wissen ja bestimmt, dass Sie ohnehin nur sich selbst ändern können und niemand anderen, oder? Und wenn Sie es nicht wussten, wissen Sie es jetzt! Schauen Sie sich in der folgenden Übung die Regeln an, die in und um Ihren Kopf schwirren. Sie werden sehen – es lohnt sich! Allerschlimmstenfalls verhandeln Sie danach viel freier und mit besseren Ergebnissen.

## Regeln im Kopf erkennen und hinterfragen

Machen Sie einen Spaziergang durch Ihre Gedanken und suchen Sie nach Regeln fürs Verhandeln. Schreiben Sie alle Regeln, die Sie finden, auf. Ordnen Sie die Regeln wie folgt: Die, die Sie am meisten hindern, zuerst. Stellen Sie sich zu jeder Regel folgende zehn Fragen:

1. Wie lautet die Regel genau?

2. Wer hat diese Regel aufgestellt? Wie genau formuliert der Aufsteller die Regel?

3. Für wen gilt diese Regel?

4. Was ist der Sinn dieser Regel?

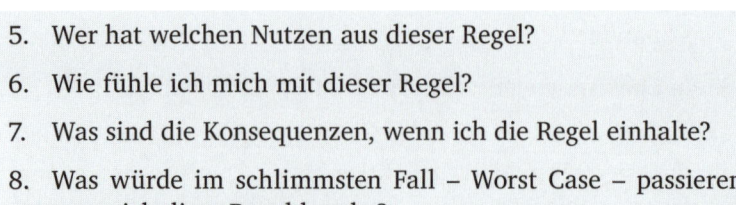

5. Wer hat welchen Nutzen aus dieser Regel?

6. Wie fühle ich mich mit dieser Regel?

7. Was sind die Konsequenzen, wenn ich die Regel einhalte?

8. Was würde im schlimmsten Fall – Worst Case – passieren, wenn ich diese Regel breche?

9. Was würde im besten Fall – Best Case – passieren, wenn ich diese Regel breche?

10. Will ich diese Regel einhalten?

Bitte arbeiten Sie die einzelnen Punkte Schritt für Schritt durch. Seien Sie dabei ehrlich zu sich selbst. Sie werden sich wundern, wie viele dieser vermeintlich allgemeingültigen Regeln hausgemacht sind und nur dazu dienen, uns selbst im Weg zu stehen.

Am besten machen Sie sich in Ihrer Kladde zehn Spalten. Nutzen Sie dafür eine Doppelseite. Tragen Sie für jede Regel die entsprechenden Antworten ein:

| Regel | Wer? | Für wen? | Sinn | Nutzen | Gefühl | Konsequenz | Worst Case | Best Case | ja/nein |
|---|---|---|---|---|---|---|---|---|---|
| | | | | | | | | | |
| | | | | | | | | | |
| | | | | | | | | | |

Gehen wir die Schritte an einem Beispiel zusammen durch:

**Regelcheck**

1. Regel? Alle Einsteiger verdienen das Gleiche. Ich darf gar nicht nach mehr fragen.

2. Wer? Der Personaler hat das gesagt.

3. Für wen? Für jeden, der in dieses Unternehmen einsteigen will.

4. Sinn? Vermeintliche Gleichbehandlung und Vermeidung von Ungerechtigkeit.

5. Nutzen? Der Personaler muss nicht verhandeln. Der Einsteiger kann glauben, dass alle die gleiche Vergütung bekommen und macht sich keine weiteren Gedanken.

6. Gefühl? Erst einmal gleichberechtigt, zumindest bis ich zufällig etwas anderes höre.

7. Konsequenz? Ich bekomme einen festen Betrag für die 14 Monate im Einsteigerprogramm, egal welche Vorkenntnis oder welche Superleistung oder welchen konkreten Nutzen ich für das Unternehmen während der 14 Monate bringe.

8. Worst Case? Ich frage im Bewerbungsgespräch hartnäckig nach, fühle mich dabei total doof und bekomme die Einsteigerstelle nicht. Ich überlege realistisch wie wahrscheinlich dieser Fall ist.

9. Best Case? Ich frage nach, bleibe trotz blödem Gefühl dran, statt mich abspeisen zu lassen, verdiene für die nächsten 14 Monate 35 % mehr. Und ich weiß jetzt: Es geht immer was!

10. Regel einhalten? Auf keinen Fall, ich frage nach und kann damit nur gewinnen!

Wie Sie an diesem Beispiel sehen, ist es sinnvoll, eine Regel zu hinterfragen. Sie können nur gewinnen. Bei meinen Klienten tritt der Best Case bei mindestens 70 % ein und den anderen 30 % ist trotz Nachfrage nichts passiert. Sie leben alle noch und allein das Ausprobieren hat ihr Selbstbewusstsein sehr gestärkt. Also trauen Sie sich und fragen Sie zumindest nach. Die Wahrscheinlichkeit, dass der Worst Case eintritt und Sie die Einsteigerstelle genau wegen dieser Nachfrage nicht bekommen, ist extrem niedrig. Zumindest habe ich noch von keinem solchen Fall gehört.

Die Übung oben können Sie bei jeder Regel, jedem Glaubenssatz oder behinderndem Gedanken erneut anwenden. So können Sie jeweils langsam und dafür sicher Schritt für Schritt jeweils entscheiden, welche Regeln Sie einhalten wollen und welche nicht. Zusätzlich bekommt Ihr Unterbewusstsein Übung im Hinterfragen und Sie können irgendwann auch im laufenden Gespräch schon entscheiden, wie Sie auf eine vermeintlich feststehende Regel reagieren.

Glaubenssätze sind kleine, mittelgroße oder gar riesige fiese Tierchen, die in unserem Unterbewusstsein sitzen und uns Sicherheit vorgaukeln. Zu ihrem Entstehungszeitpunkt waren sie auch gut für uns. Möglicherweise sind sie es jetzt nicht mehr.

### Der kleine Zirkus-Elefant

In einem Wanderzirkus kommt ein Elefantenbaby zur Welt. Niemand im Zirkus hat Zeit, sich ständig um das Tier zu kümmern und aufzupassen, dass es nicht fortläuft. Deshalb macht der Wärter das, was er in solchen Situationen schon immer gemacht hat – er rammt einen Pflock in die Erde, bindet ein Seil daran fest, befestigt das andere Ende des Seils am Hinterbein des Tieres und gibt ihm auf diese Art und Weise einen eingeschränkten Bewegungsfreiraum, während er gleichzeitig verhindert, dass das Tier fortläuft. Der kleine Elefant beginnt nun, das Terrain zu sondieren und erobert seine neue Welt, indem er in alle Himmelsrichtungen so weit geht, wie es das Seil zulässt. Auf diese Art und Weise entsteht ein runder, durch die Länge des Seils vorgegebener Kreis.

Nach einer Weile hat unser kleiner Elefant alles entdeckt, was es innerhalb dieses Kreises zu entdecken gibt. Er macht die Erfahrung, dass es ihm hier gut geht und jeder Versuch, den Kreis zu verlassen, schmerzhaft ist, da das Seil an seinem Bein zerrt. Er beschränkt sich also auf „sein Reich", in dem er sich gut auskennt und dessen Grenze bald durch einen festgetretenen Kreis gekennzeichnet ist.

Nun geht die Zeit ins Land und unser kleiner Elefant wird größer und kräftiger. Irgendwann könnte er den Pflock mühelos aus der Erde ziehen, doch in der Zwischenzeit ist etwas geschehen – der Elefant hat „gelernt". Er hat gelernt, dass es keinen Sinn macht, an diesem Pflock zu ziehen, dass der Versuch, „seinen" Kreis zu verlassen, schmerzhaft ist.

Er richtet sich in seiner Komfortzone behaglich ein und die Welt „da draußen", scheint für ihn nicht mehr erreichbar.[5]

---

[5]  Michael Fromm in Coaching-Tools; 2004 managerSeminare Verlags GmbH

Die Geschichte zeigt uns erneut, dass viele Regeln, die wir gelernt oder von anderen übernommen haben, nur in unserem Kopf existieren. Die Psychologie nennt das „erlernte Hilflosigkeit". Wenn Sie das Gefühl haben, sich in einer Situation hilflos zu fühlen, also etwas verändern zu wollen, aber es nicht können, dann suchen Sie sich Unterstützung.

Nicht umsonst steckt in der Bezeichnung „Gewohnheitstier" das „Tier". Das Schöne daran ist: Alles, was wir erlernt haben, können wir auch wieder verlernen. Probieren Sie es aus: Vertauschen Sie den Platz von zwei Dingen, die Sie täglich benutzen, z. B. im Bad Creme und Zahnpasta. Ich bin gespannt, wie oft Sie danebengreifen, bis Sie sich umgewöhnt haben. Sie ganz allein entscheiden, ob Sie gemütlich in Ihrer Komfortzone bleiben. Im Übrigen ist es völlig in Ordnung, wenn Sie dort im Warmen sitzen. Genauso okay ist es, wenn Sie sich aus Ihrer Komfortzone hinausbewegen. Wichtig ist, dass Sie sich mit dem Wissen um Ihre Komfortzone jetzt bewusst entscheiden können, ob Sie dort bleiben oder sich hinaustrauen. Suchen Sie sich auch hier, wenn Sie es nicht allein schaffen, eine helfende Hand, die Sie dabei unterstützt.

Zurück zur Tanzschule: Was passierte, nachdem wir die Regeln kannten und entschieden hatten, ob wir sie einhalten, oder herausgefunden hatten, wie wir sie am geschicktesten brechen? Schon kam die nächste Lawine auf uns zugerollt. Es gab jede Menge Fragen und die zu treffenden Entscheidungen schwirrten durch unsere Köpfe:

Fordere ich auf? Wie entscheide ich, wen ich auffordere? Wen fordere ich auf? Wie fordere ich auf?

Oder: Lasse ich mich auffordern? Wie bringe ich jemanden dazu, mich aufzufordern? Was mache ich, wenn ich von jemandem nicht aufgefordert werden will? Wie sage ich Nein? Traue ich mich, Nein zu sagen?

Oder: Was passiert, wenn ich nichts tue? Was, wenn mich keiner auffordert? Was tue ich, wenn ich einen Korb bekomme?

Wie, um Himmelswillen, sollten wir diese Entscheidungen treffen? Was wir damals hoffentlich gelernt haben, die einen mehr, die anderen weniger schmerzhaft, ist: Egal, was wir tun, es ist unsere höchst eigene Verantwortung und keine Entscheidung ist auch eine Entscheidung! So oder so, es gab immer eine Konsequenz aus unserem Handeln. Egal, ob wir etwas entschieden oder nicht entschieden haben. Ob wir etwas getan oder gelassen haben, es gab eine Konsequenz und mit dieser Konsequenz konnten wir leben oder wir konnten schon wieder neue Entscheidungen treffen. Letztlich war das, zumindest innerhalb des Tanzkurses, ein ewiger Kreislauf immer wieder ähnlicher Fragen und Entscheidungen. Nicht zu vergessen die dauerhafte Frage: Was denken die anderen von mir? Was sagen sie über mich?

Glücklicherweise sind Sie inzwischen kein Teenager mehr und nicht mehr darauf angewiesen, von anderen verhätschelt zu werden. Sie können den Verhandlungstango jetzt selbstbewusst tanzen und all Ihr Wissen, das Sie in den letzten Jahren gesammelt haben, für sich gewinnbringend einsetzen. Haben Sie schon einmal bewusst darüber nachgedacht, „Wann?" Sie „Wen?" und „Wie?" und „Warum?" zur nächsten Geldverhandlung auffordern? Das sind schon wieder vier Fragen auf einmal. Mit dem Verhandlungstanzpartner, also dem „Wen auffordern?", haben wir uns im vorherigen Kapitel ausführlich beschäftigt. Am Ende jedes weiteren Kapitels finden Sie den Partnercheck, der Ihnen zum jeweiligen Thema aufzeigt, „Wie?" Sie mit den einzelnen Tanzpartnern umgehen können und was dabei zu beachten ist. Schauen wir uns deshalb jetzt das „Wann?" und gleich anschließend das „Warum?" an.

Ich werde immer wieder gefragt, wann der richtige oder ideale Zeitpunkt zum Verhandeln ist. Und meine Antwort ist immer die gleiche: Das ist wie beim Kinderkriegen – den richtigen Zeitpunkt gibt es nicht. Lernen Sie, die Zeichen in Ihrer Umgebung zu deuten, und spüren Sie, wann für Sie höchstpersönlich der richtige Zeitpunkt gekommen ist, wann Sie so gut drauf sind, dass Sie den Takt vorgeben können.

Natürlich ist es immer ein geschickter Zeitpunkt zum Auffordern, wenn etwas besonders Positives passiert ist, das Sie als einzigartiges Argument einsetzen können. Oder wenn Ihr Chef oder Kunde, aus welchem Grund auch immer, besonders gute Laune hat. Sie werden es kaum glauben, auch das Wetter spielt mit beim richtigen Zeitpunkt. Wenn die Sonne scheint, lässt es sich tatsächlich leichter verhandeln als im typischen Novembergrau. Ein günstiger Zeitpunkt kann sich jederzeit ergeben. Deswegen ist es sehr wichtig, dass Sie immer und überall vorbereitet sind und die sich Ihnen bietenden Möglichkeiten nutzen.

Eine Variante, um das umzusetzen, ist die Kurzpräsentation. Sie basiert auf der Vorstellung, dass Sie jemanden im Aufzug treffen und 30 Sekunden Zeit haben, während Sie gemeinsam z. B. mit Ihrem

Chef in den 11. Stock fahren. In dieser Zeit sollten Sie Ihr Gegenüber so neugierig machen, z. B. mit einem besonders gut gelaufenen Projekt, dass eine Anschlusshandlung, wie z. B. ein Gehaltsgespräch zustande kommt: Der Fachbegriff dafür lautet „Elevator Pitch", abgeleitet von den englischen Worten elevator = Aufzug und pitch = Verkaufsgespräch.

Fehlt nur noch die vierte Frage – das „Warum?": Warum wollen Sie überhaupt verhandeln? Was genau wollen Sie verhandeln? Warum tun Sie sich das überhaupt an?

### Meine Frau sagt ...

Ich fragte mal einen meiner Klienten, warum er ein höheres Gehalt verhandeln will. „Meine Frau sagt, dass ich endlich mehr verdienen muss," sagte er ein bisschen verschämt. „Und Sie? Was wollen Sie?", fragte ich nach. „Ach, wissen Sie, ich bin eigentlich ganz zufrieden, aber meine Frau lässt mir keine Ruhe." Ich fragte noch einmal nach, wie genau er dachte, dass er eine Gehaltserhöhung durchsetzen kann, wenn er selbst das gar nicht will. Mein Klient seufzte und sagte: „Ja, ich weiß. Bis jetzt hat es ja auch nicht funktioniert. Deswegen hat mich meine Frau jetzt zu Ihnen geschickt."

Das klingt jetzt lustiger, als es wirklich war, und es kommt leider sehr oft vor, dass nicht unser eigener Wunsch der Antriebsfaktor ist. Mein Klient befand sich in einem Dilemma. Er hatte zwei Möglichkeiten, sich entweder mit seiner Frau oder seinem Chef auseinanderzusetzen. Der Chef erschien ihm das geringere Übel. Leider funktionierte auch das nicht, da er selbst nicht hinter dem Wunsch nach mehr Geld stand. Das führte dann zu einem noch größeren Konflikt mit seiner Frau.

Beschäftigen Sie sich also ernsthaft mit Ihrem „Warum?". Das „Warum?" hat vermutlich etwas mit Ihren Werten zu tun. Schauen Sie noch einmal auf das Übungsergebnis „Ihre eigenen Werte" aus dem Kapitel „Tief durchatmen – jetzt geht's los". Wissen Sie jetzt, was Ihr „Warum" ist? Beim Tanzen gibt es auch einige „Warums": allgemeine, wie z. B. Bewegung, Spaß oder Liebe zur Musik, und spezielle, wie z. B. „Mit der Frau will ich leben", „Den will ich rumkriegen", „Die lässt sich so gut führen" oder „Wir sind so ein schönes Paar".

Es ist wirklich wichtig, dass Sie sich über Ihr persönliches „Warum?" klar werden. Es kann auch sein, dass Ihr „Warum?" gar nichts mit

Geld zu tun hat, sondern z. B. damit, dass Sie sich bei Ihren Aufgaben über- oder unterfordert fühlen, eine Führungsrolle anstreben oder im Team nicht klarkommen. Wenn dem so ist, schauen Sie genau hin, was das für Ihr Auffordern bedeutet. Werden Sie sich klar, was genau Ihr Ziel ist, bevor Sie zum Tanz bitten.

Wenn es keine Antwort auf „Warum?" gibt oder die Antwort wie im Beispiel nicht Ihre eigene ist, dann lassen Sie das Auffordern erst einmal sein. Geben Sie sich Zeit und finden Sie heraus, was in Ihnen vorgeht oder wer Ihnen sein „Warum?" eingegeben hat. Es hilft gar nichts, wenn Sie – aus welchem Grund auch immer – etwas übers Knie brechen. Da bricht höchstens Ihr eigenes Knie und das hilft Ihnen ganz sicher nicht beim Verhandeln oder Vorwärtskommen – und fürs Tanzen wäre es auch eher hinderlich. Treffen Sie eine bewusste Entscheidung, ob Sie jetzt auffordern oder erst noch eine Runde warten und/oder üben wollen. Werden Sie sich darüber klar, was Sie wollen. Wenn Sie dann wissen, „Warum?" Sie auffordern, bereiten Sie sich entsprechend vor. Dann sind Sie bestimmt erfolgreicher.

## Wie auffordern – regiert Geld wirklich die Welt?

Konzentrieren wir uns jetzt auf den Teil, bei dem es wirklich ums Geld geht. Meist ist das ja der kleinste Teil des gesamten Gesprächs. Ich stelle in meinen Coachings immer wieder fest, dass meine Klienten den Teil, in dem es um die Leistungsbeschreibung geht, die Aufgabenverteilung oder sogar um Konflikte im Team, relativ schnell gut hinbekommen. Zumindest sind nach mehreren Übungseinheiten spürbare Erfolge zu verzeichnen.

Wenn es dann ans Eingemachte, d. h. in diesem Fall ans Thema Geld geht oder den Übergang dahin, den Verhandlungstanzpartner auf Geld anzusprechen, wird es ganz schön dünn. Dann versagt die Stimme, wird piepsig, ganz leise oder derjenige spricht so schnell, dass er sich ganz flott um Kopf und Kragen redet. Hände werden geknetet, wie zum Beten gefaltet oder verschämt in den Taschen versteckt. Der Kugelschreiberknopf wird durch nervöses Drücken zur Performance. Der Körper fällt in sich zusammen und macht Quasimodo alle Ehre. Die Qualität des Stuhls wird durch Hin- und Herwetzen getestet. Das Wackelknie steigert sich zum Tremolo. Und zu guter Letzt schillern Gesicht und Halspartie von zartrosa bis feuerrot in allen Farben. Kurz gesagt: Sich-Wohlfühlen oder gar Sicherheit-Ausstrahlen sieht anders aus!

Erkennen Sie sich wieder? Dann wird es höchste Zeit, das Thema Geld und Selbstwert – eine Geheimbeziehung – genauer anzuschauen. Haben Sie in den Übungen am Anfang dieses Kapitels alle Ihre Regeln im Kopf identifiziert? Sind da auch schon alle Glaubenssätze zum Thema Geld mit dabei? Es gibt so viele, so hübsche und sie blockieren so schön: Geld verdirbt den Charakter – Ohne Fleiß kein Preis – Wer den Pfennig nicht ehrt, ist des Talers nicht wert – Über Geld spricht man nicht, Geld hat man – Zeit ist Geld – Geld allein macht nicht glücklich – Geben ist seliger denn nehmen – Geld regiert die Welt – Es ist nicht alles Gold, was glänzt – Geld ist die Wurzel allen Übels – Von nichts kommt nichts etc.

## Geld-Regeln finden und die Blockaden auflösen

Forschen Sie in Ihrem Gehirn, Ihrer Familie, Ihrem Freundeskreis, bei Ihren Kollegen und mit wem sie sonst noch so Kontakt haben, nach, welche Ansichten, Sprüche oder Sprichwörter zum Thema Geld dort unterwegs sind.

- Schreiben Sie alle diese Sprüche ungefiltert auf.

- Lesen Sie sie laut und schauen Sie, welcher etwas in Ihnen auslöst.

- Stellen Sie fest, welche der „Auslöser-Sprüche" Sie persönlich blockieren könnten.

- Schreiben Sie diese noch einmal extra auf.

- Bearbeiten Sie sie einen nach dem anderen mit der obigen Regel-Übung.

Leider lassen sich diese Geld-Glaubenssätze meist nicht sofort komplett auflösen und werden sich an der einen oder anderen Ecke noch einmal in Ihren Hinterkopf schleichen. Die gute Nachricht ist: Sie wissen dann zumindest schon, mit wem oder was Sie es zu tun haben, und können hoffentlich ein bisschen besser darauf reagieren. Wenn sich die Glaubenssätze gar nicht vertreiben oder zumindest neutralisieren lassen, dann suchen Sie sich Unterstützung.

Bleibt zu klären, wann innerhalb eines Gesprächs der Zeitpunkt ist, um auf den Verhandlungstango und damit auf das Thema Geld zu kommen. Dürfen Sie das überhaupt von sich aus ansprechen? Erwischt! Das ist schon wieder so eine Regel! Ja, Sie dürfen. Ich erlaube es Ihnen jetzt und für immer. Stehen Sie zu sich und seien Sie jetzt besonders klar und präsent!

Gerade habe ich ein Interview mit Harrison Ford gelesen. Er sagte: „Ich verhandle nicht. Ich stelle Bedingungen!" Auch eine Möglichkeit. Wenn Sie die wählen, dann sollten Sie sich sehr sicher sein, welchen unersetzlichen Nutzen Sie dem Unternehmen bringen. Oder Sie wollen den Job oder Auftrag gar nicht, dann können Sie das testen. Das ist als Übung immer gut. Bitte, bitte, wenn Sie das probieren wollen: Bewerben Sie sich für solche Tests nur auf Stellen, die grundsätzlich passen und bei denen nur ein bis drei Komponenten nicht stimmen. Wenn Sie dann nichts zu verlieren haben, schlagen Sie ruhig über die Stränge und fordern einfach das Doppelte. Für alle anderen Fälle habe ich für Sie ein paar Ideen gesammelt:

## ✔ Formulierungen für die Überleitung zum Thema Geld

- Lassen Sie uns jetzt über Geld sprechen.

- Kommen wir zum finanziellen Teil.

- Wie sieht der finanzielle Ausgleich aus?

- Fehlt nur noch der finanzielle Teil. Wie lautet Ihr Angebot?

- Was erwartet mich finanziell bei dieser Stelle?

- Was bieten Sie mir finanziell an?

- Ich stelle mir 60.000 € vor.

- Wie gedenken Sie meine Leistung in Geld umzuwandeln?

**Raffinierte Formulierungen, die an dieser Stelle gut ins Gespräch und die Atmosphäre passen sollten:**

- Wie können Sie mich denn jetzt mit dem finanziellen Teil noch mehr begeistern?

- Das gefällt mir schon alles sehr gut. Was können Sie mir denn jetzt auf der finanziellen Seite anbieten?

- Haben Sie ein finanzielles Angebot, das ich nicht ablehnen kann?

- Money makes the world go round. Mit welchem Angebot bewegen Sie meine Welt?

- Überzeugen Sie mich mit einem unschlagbaren finanziellen Angebot.

### Aufforderungssatz zum tatsächlichen Verhandlungs-tango 5- bis 500-mal üben

- Finden Sie zwei bis drei Formulierungen, die zu Ihnen passen.

- Sprechen Sie sie laut aus – so oft, bis Sie sich damit wohlfühlen.

- Suchen Sie sich andere Formulierungen, wenn sich nach 20-mal kein gutes Gefühl einstellt.

- Sprechen Sie die „Gutes Gefühl"-Formulierungen jetzt gegenüber einem Übungspartner aus.

- Fühlen Sie, ob Sie unsicher sind: heiß, kalt, schwitzige Hände, Zittern in der Stimme, Flattern in der Brust, Grummeln im Bauch usw.

- Lassen Sie sich von Ihrem Partner sagen, ob Ihr Körper Unsicherheit zeigt: zitternde, fahrige Hände, Hände zusammengedrückt – bis sie ganz weiß werden, auf dem Stuhl herumrutschen, eingesunkene Haltung, wegschauen, auf den Boden schauen, verdrehte „Denkaugen", lange Denkpausen, Kopfwackeln.

- Üben Sie so lange, bis Ihre Stimme fest und deutlich ist, Sie Ihrem Gegenüber in die Augen schauen können, aufrecht sind – innerlich wie äußerlich –, Sie Ihre Hände ruhig halten, ruhig sitzen und sich präsent und vor allem gut und sicher fühlen.

- Üben Sie auch, nach dem Aussprechen Ihrer Forderung erst einmal „die Klappe zu halten" und Augenkontakt zu pflegen – in Gedanken: lächeln und winken. Stellen Sie sich dabei vor, dass Sie wie die Queen lächelnd und winkend repräsentieren und Ihnen keiner ansehen darf, was Sie denken.

Ich werde oft gefragt, ob derjenige, der den Ton angibt, gewinnt. Ob derjenige, der die erste Zahl ausspricht, schon gewonnen hat. Oder gerade das Gegenteil, dass der erste „Zahl-Aussprecher" in jedem Fall am Ende verliert. Ich halte diese Prognosen persönlich für wenig sinnvoll, genauso übrigens wie ungerade Zahlen, weil das angeblich so aussieht, als hätte man besser darüber nachgedacht. Oder das Märchen: „Ich muss mich doch irgendwo einordnen können." Diese Aussage höre ich übrigens fast nur von Frauen. Männer fragen allenfalls, wie viel mehr sie noch draufpacken können. Außer Techniker, die mögen Verhandeln und Sich-selbst-Verkaufen ähnlich gern wie

Frauen. Nein, ich neige nicht zu Pauschalisierungen, höchstens, wenn ich denke, dass damit das Verständnis leichter wird.

### Katja 32, Datenbankspezialistin

Katja war ziemlich frustriert, als sie zu mir kam. Sie erzählte mit hängenden Schultern, dass sie ganz oft zu Gesprächen eingeladen werde und alles gut laufen würde, bis es zum Thema Geld käme: Dann wäre plötzlich Schluss und der Verhandlungstango schnell zu Ende. Ich fragte sie, wieso sie das meine und was sie denn wie genau fordern würde. Sie würde 60.000 € fordern, und zwar mit der Formulierung: „Meine Gehaltsvorstellung liegt bei 60.000 €." Danach würden ihr meistens 40.000 € angeboten und das war weit unter ihrem Minimalziel. Sie übte zu sagen: „Mit 60.000 € gewinnen Sie ein kompetente und zuverlässige Mitarbeiterin."

Zusätzlich gab ich ihr meinen Lieblings-Probezeit-Tipp: „Sehr gern. In der Probezeit arbeite ich zu Ihren Konditionen, danach bezahlen Sie mich nach meiner Forderung!"

Hintergrund: Bei einem Unterschied von 33 % verliert derjenige, der nachgibt, auf alle Fälle sein Gesicht und die Beträge liegen auch zu weit auseinander, um sich locker auf die Mitte zu einigen. Deswegen zeigen Sie mit der obigen Variante selbstbewusst, dass Ihr Arbeitgeber schon merken wird, dass sie Ihr Gehalt locker wert sind. Wichtig: Lassen Sie sich auf die Probezeitregelung nur ein, wenn das im Vertrag schriftlich festgehalten wird. Mit der Aussage, dass man dann nach der Probezeit noch einmal darüber reden würde, werden Sie nur vertröstet. Das funktioniert nicht.

Katja rief mich drei Monate später freudig an und erzählte, dass der Deal genau so geklappt hätte und sie zum nächsten Ersten anfing.

Für mich spielt die Hauptrolle in der großen Preisshow – gerade dann, wenn es darum geht, den ersten Schritt zum Geld zu machen – nach wie vor Ihr Selbst-Wert-Gefühl. Wenn Sie hinter Ihrem verlangten Wert stehen und sich selbst dabei gutfühlen, dann wird es auch jemanden geben, der Ihnen den bezahlt: möglicherweise nicht der Erste und vielleicht auch nicht der Beste oder der, bei dem Sie es sich am meisten wünschen. Da sind wir dann wieder beim Thema „Werte und Ziele". Seien Sie ehrlich zu sich in Bezug auf das, was Sie wollen. Überlegen Sie auch, unter welchen Umständen Sie worauf genau zu verzichten bereit sind. Machen Sie sich eine Übersicht mit Ihren Zielen, den Kosten und Konsequenzen.

Eines ist allerdings ganz sicher: Wenn Sie nicht auffordern, wird nichts passieren – weder etwas Gutes noch etwas Schlechtes. Ach, wie schade wäre das! Trauen Sie sich, dann sind Sie auch am Zug! Ich bin bei Ihnen. Jetzt werden Sie lächeln und sagen: Ja, ja, das kann die leicht schreiben … Sie werden sich wundern, wie oft ich Ihnen in Zukunft auf der Schulter sitze und etwas ins Ohr flüstere. Schreiben Sie mir, was ich Ihnen eingeflüstert habe.

„Wann?" und „Wie?" das mit der typgerechten Aufforderung funktioniert, schauen wir uns gemeinsam im folgenden Partnercheck an.

## Partnercheck II: Wer will wie und wann aufgefordert werden?

Für das „Wann" gibt es eine Prognose und einen Tipp pro Verhandlungstanzpartner:

Bei Max und Maxima ist der richtige Verhandlungszeitpunkt einfach zu bestimmen: erst der Inhalt, dann das Geld. Wenn die strategischen Gewinnmaximierer genügend Runden im langsamen Inhaltswalzer gedreht haben, sind sie bereit, über den Ausgleich in Geld zu sprechen, und werden wahrscheinlich sogar von selbst darauf kommen. Vorsicht: Quengeln und Immer-wieder-Nerven geht da nach hinten los und führt zu nichts. Halten Sie sich beim Verhandlungswalzer an die Struktur – Schritt für Schritt und sparen Sie sich plötzliche schnelle Drehungen oder Richtungswechsel. Achtung: Sie zählen selbst zu Star/Stella? Dann achten Sie doppelt und dreifach darauf, dass Sie strukturiert und sachlich bleiben.

Bei Domenik und Domenika kann die Wahl des Zeitpunkts ein Teil des Machtspiels sein. Warten Sie, bis Sie sicher auf Augenhöhe sind, bevor Sie die rasante Tango-Kopfbewegung zum Thema Geld machen. Bitte, bitte sprechen Sie es von sich aus an, wenn von diesen Verhandlungspartnern nichts kommt. Trauen Sie sich, auch wenn Sie das Gefühl haben, das Gespräch sei schon beendet. Achten Sie darauf, dass Sie in der Formulierung klar sind – ohne Erklärung und Rechtfertigung.

Bei Star und Stella ist der Zeitpunkt vielleicht das Wichtigste überhaupt. Nutzen Sie die Gunst der Stunde, wenn die mitreißenden Entertainer gerade besonders gut auf Sie zu sprechen sind. Meiden Sie die flotte Verhandlungssalsa, wenn gerade der Trauermarsch angesagt ist. Das bedeutet: Egal wie wichtig und eilig es Ihnen jetzt ist – ohne den richtigen Zeitpunkt wird es bei Star und Stella schwierig.

Bei Traugott und Traudel macht das „Wann?" weniger aus als das „Wie?". Ein ungeschickt gewählter Zeitpunkt ist weniger schlimm als der falsche Ton. Hören Sie bei der Wahl des Zeitpunkts für den Formationstanz unbedingt auf Ihren Bauch und verschieben Sie lieber einmal, dann klappt es beim nächsten Mal bestimmt, zumal Traugott und Traudel eine Vereinbarung auch rückwirkend treffen würden.

Für das „Wie" habe ich Ihnen wieder eine Übersichtstabelle erstellt. Daraus geht hervor, wie Sie die verschiedenen Tanzpartner am geschicktesten auffordern. Suchen Sie sich in der linken Spalte aus, welcher Typ Sie selbst am ehesten sind.

| Partner / Sie selbst | Max/Maxima | Domenik/Domenika | Star/Stella | Traugott/Traudel |
|---|---|---|---|---|
| Max/Maxima  | **Klare Sache** Geld sachlich als nächsten Punkt ansprechen, auf keinen Fall übertreiben, für mehr Geld auch mehr Leistung anbieten. | **Klipp und klar** Klar ansprechen, aufrechte Haltung innerlich wie äußerlich, Pause machen, hartnäckig dranbleiben. | **Stimmung zählt** Guten Moment abpassen, Spannung erzeugen statt langweilige Fakten präsentieren, Gegenüber strahlen lassen. | **Gefühl vor Geld** Gute Beziehung sicherstellen, sonst wird die Geldfrage als persönliche Beleidigung empfunden. |
| Domenik/Domenika  | **Sache vor Macht** Vermeiden Sie jegliche Machtspielchen, sprechen Sie Geld erst nach der Leistungsklärung an. | **Wer zuckt zuerst** Fit sein, auf alle Eventualitäten vorbereitet sein, Herausforderung genießen, direkt ansprechen. | **Spot an** Erst ansprechen, wenn Gegenüber komplett strahlt, dabei weiter erstrahlen lassen. | **Softie erwünscht** Vorsichtig und vor allem sehr freundlich ansprechen. |

| Partner / Sie selbst | Max/Maxima | Domenik/Domenika | Star/Stella | Traugott/Traudel |
|---|---|---|---|---|
| Star/Stella | **Spot aus** Eher unter- als übertreiben, konkretes Ziel haben und fordern. | **Rüstung polieren** Warm anziehen und direkt ansprechen, gute Argumente haben und aussprechen. | **Zweite Geige** Zurücknehmen, auf den anderen konzentrieren, charmant ansprechen. | **Background-Chor** Verbünden und dann gemeinsam eine Win-win-Idee erarbeiten. |
| Traugott/Traudel | **Kuscheln verboten** Reihenfolge einhalten: Leistung vor Geld, dann ohne Verbrüderung ansprechen. | **Augen zu und durch** Lächelnde Brustwarzen und beherzt ansprechen, dabei an sich selbst glauben. | **Sonnenbrille auf** Nicht blenden lassen, keine Beziehung erwarten, klar ansprechen und dranbleiben. | **Kuscheln erwünscht** Beziehung festigen, dann mit gemeinsamem Nutzen verknüpft ansprechen. |

# Was tun bei einem Korb?

Jetzt haben Sie sich schon getraut aufzufordern und strahlen den anderen erwartungsvoll an. Was kommt jetzt? Wenn Sie ehrlich sind, wollen Sie am besten ein klares Ja? Mit jeder Sekunde, die der andere denkt und schweigt, werden Sie nervöser? Dabei besteht immer eine 50/50-Chance auf ein Ja oder ein Nein. Also rein statistisch gesehen. Blöderweise hätten wir gern mindestens eine 80/20-Chance. Mit welchem Recht wollen wir das denn? Wir leben in einem freien Land, in dem jeder zustimmen oder ablehnen darf, wie er lustig ist. Genau das ist das Problem. Wir unterstellen dem anderen, wenn er Nein sagt, oft Willkür und fühlen uns nicht wertgeschätzt oder sogar persönlich angegriffen. Wenn wir aber selbst Nein sagen und damit auf der anderen Seite sind, dann ist das ja auch okay. Wenn wir uns selbst bewusst machen, dass es bei jedem neuen Auffordern eine 50/50-Chance gibt, dann trauen wir uns einmal mehr und es wird leichter.

Wie gerne sagen Sie denn selbst Nein? Geht Ihnen das flott von den Lippen oder zögern Sie erst oder tun sich sogar schwer damit?

## Da habe ich schon einen Termin

Tun Sie sich unglaublich schwer, z. B. einem Freund, Kollegen oder einer Bekannten mit einem Nein abzusagen, weil Sie gerne mal einen Abend oder ein Wochenende für sich haben wollen? Dann habe ich eine Lösung, mit der es Ihnen vielleicht leichter fällt. Schreiben Sie sich regelmäßige Termine mit sich selbst in den Kalender: ausschlafen, schön kochen, ein gutes Buch lesen, den Kleiderschrank ausmisten usw. Dann können Sie – wenn wie der ein Freund fragt – in Ihren Kalender schauen und ganz ohne zu schwindeln sagen, dass Sie bereits etwas vorhaben. Wenn Sie die Person doch treffen wollen, dann können Sie ja immer noch entscheiden, ob das Ausschlafen oder das Frühstück wichtiger ist. Beides ist übrigens vollkommen in Ordnung. Probieren Sie es aus.

Ein Nein ist meistens beiden unangenehm. Dem, der es ausspricht, und dem, der den Korb bekommt. Alle früheren Erfahrungen und Körbe spielen noch einmal eine Rolle. „Die will bestimmt gar nicht mit mir tanzen. Ich bin zu klein. Ich tanze zu schlecht. Der will mich bestimmt im Preis drücken. Der will mich bestimmt über den Tisch ziehen." „Sich selbst erfüllende Prophezeiung" nennt sich das – negative Gedankenspielerei – wir erwarten das Schlimmste und es passiert. Herzlichen Glückwunsch! Warten Sie mal … wenn es in die eine Richtung geht, geht es doch bestimmt auch in die andere, oder?

### Sich selbst erfüllende Prophezeiung – jetzt aber positiv

Stellen Sie sich vor, Sie fordern zum Verhandlungstango auf und Ihr Gegenüber gibt Ihnen eine der drei folgenden Antworten:

- „Gut, dass Sie mich ansprechen, Sie haben so gute Arbeit geleistet, Sie sollten schon lange mehr Geld bekommen."

- „Mensch, das habe ich ja gar nicht gewusst, wie oft Sie mir schon den Allerwertesten gerettet haben. Natürlich werde ich das honorieren."

- „Ach wirklich, diese Idee stammt von Ihnen? Dann haben wir natürlich eine andere Verhandlungsgrundlage."

Jetzt malen Sie sich mindestens drei Situationen aus, in denen es genau so läuft, wie Sie es gern hätten. Wie fühlt sich das an? Wunderbar? Fantastisch? Supercalifragilisticexplialigetisch (für die Mary-Poppins-Kenner unter uns)? Das Gefühl, das Sie dann dabei haben: Genießen Sie es. Schrauben Sie es in ein Marmeladenglas und nehmen Sie einen tiefen Atemzug daraus, wenn Sie vor Ihrer nächsten Aufforderung stehen.

Wenn Sie aus dem Marmeladenglas genascht haben, fällt Ihnen ein Ja leichter und ein Nein auch.

„Nein" ist ein ganzer Satz und beim Tanzen und in der Verhandlung völlig in Ordnung. Wenn wir es schaffen, diesen Korb – das Nein

– auf die Sache und nicht auf uns zu beziehen, geht es uns sofort besser. Natürlich ist es möglich, dass der Korb persönlich gemeint war. Es hilft uns aber nicht weiter, wenn wir uns darüber grämen, denn dann stehen wir den ganzen Tanzabend ohne Partner da. Es fehlen uns die Energie und der Blick für eine neue, vielleicht nettere Tanzpartie oder einen erfolgreicheren Kontakt.

### Auf der falschen Tanzparty

Erst unlängst war ich auf einem Salsa-Abend, hatte riesigen Spaß und strahlte verschwitzt und glücklich aus allen Poren. An der Bar kam ich mit einem Mann ins Gespräch und wir unterhielten uns sehr gut, während ich mich bei einer Weinschorle ein bisschen erholte. Dann hörte ich mein Lieblingslied. Ich hopste vom Barhocker und zog mein Gegenüber an der Hand: „Hey, das ist mein Lieblingslied, da müssen wir sofort drauf tanzen!" Mein Gegenüber druckste ein bisschen herum und sagte dann mit bedauernder Miene: „Sorry, ich kann nur Discofox tanzen." Oh Mann, dachte ich mir, mit innerlich bis zum Anschlag verdrehten Augen, warum bist du denn dann beim Salsa-Abend, du Vollbremser! Das dachte ich Gott sei Dank nur und stürzte davon, um wenigstens die Hälfte meines Lieblingssongs noch tanzend zu genießen.

Danach tanzte ich noch drei Lieder und kehrte an die Bar zurück. Dort wartete mein Gegenüber zerknirscht – er hatte meine Gedanken vermutlich deutlich auf meiner Stirn lesen können – mit einer neuen Weinschorle auf mich und sagte: „Ehrlich, ich kann wirklich keinen Salsa, würdest du mal mit mir Discofox tanzen gehen?" Da war ich schon fast wieder versöhnt. Wir haben uns eine Woche später zum Tanzen verabredet und der Discofox klappte gut.

Was war passiert? Was für Reaktionsmöglichkeiten hatte ich? Wieso habe ich den Korb in diesem Fall nicht persönlich genommen? Erst einmal hatte ich Zeitdruck, ich wollte schließlich zu meinem Lieblingslied tanzen. Da konnte ich nicht fünf Minuten Gedankenkarussell spielen, selbst wenn mein Lieblingslied glatte neun Minuten hat. Ich neige jetzt glücklicherweise nicht zum Gedankenkarussell oder zur Selbstgeißelung. Für Menschen, die gerne mal an sich zweifeln, ist Zeitdruck nicht die schlechteste Methode, dem Gedankenkarussell zu entgehen, einfach mangels zeitlicher Möglichkeit. Ich erlebe das oft bei Klienten, die panisch anrufen, sie seien für morgen zum Gespräch oder Telefoninterview eingeladen, ob ich sie an dem Tag noch wenigstens für eine halbe Stunde Coaching einschieben kann.

Meist kann ich das und im Endeffekt laufen diese Gespräche oft entspannter als die Gespräche mit zwei Wochen Vorlauf. Sie haben schlicht keine Zeit, sich Horror-Szenarien auszumalen. Wenn Sie dazu neigen, machen Sie unbedingt die oben stehende Übung zur sich selbst erfüllenden Prophezeiung.

Schauen wir uns noch einmal an, welche Möglichkeiten es für mich im Discofox-Beispiel ohne Zeitdruck gegeben hätte: Der Korb lautete wörtlich: „Sorry, ich kann nur Discofox tanzen."

- Ich hätte ihn auf die Fläche zerren können. Wir wären uns gegenseitig auf die Füße getreten und hätten letztlich die gute Stimmung zerstört und danach vermutlich nichts mehr zusammen getrunken.

- Wir hätten es trotz dieser Ansage probiert, uns dabei kaputtgelacht, danach weiter Weinschorle getrunken und beschlossen, das nächste Mal besser discofoxtanzen zu gehen.

- Wir hätten an der Bar sitzen bleiben und weiterreden können. Dabei hätte ich schmollen oder mich an der Unterhaltung freuen können.

- Ich hätte den Tanz mit einem guten Tänzer tanzen und anschließend zurückkehren können.

So weit die Möglichkeiten, die mir auf den ersten Blick einfallen. Sehen Sie noch mehr? Wie hätten Sie sich entschieden – mit und ohne Zeitdruck? Das können Sie bei der Gelegenheit auch gleich einmal analysieren, ob Sie unter Zeitdruck anders entscheiden. Beobachten Sie sich doch einmal beim Entscheiden. Lassen Sie sich auf vermeintlichen Zeitdruck ein? Sie haben immer das Recht, mindestens eine Nacht drüber zu schlafen. Fordern Sie es im Zweifel ein.

Neben den tatsächlichen Reaktionsmöglichkeiten, hätte ich auch mein Gedankenkarussell anschmeißen können:

- Der will gar nicht mit mir tanzen.

- Dem bin ich bestimmt zu dick.

- Der findet mich eigentlich doof.

- Oh Gott, ich habe zu viel geredet.

- Der ist froh, mich wieder los zu sein.

- Der kann bestimmt Salsa und will nur nicht mit mir tanzen.

Welche Sätze spuckt Ihr Gedankenkarussell noch aus? Wenn Sie zu solchen Gedankenspielereien neigen, nehmen Sie vermutlich ein Nein schneller persönlich als ich. Was hat es denn auf sich mit dem Persönlich-Nehmen, welche Arten von Nein gibt es überhaupt?

## Nein – Information, Entscheidung oder persönlich – wie ist es gemeint?

Ich unterscheide drei Arten, wie ein Nein gemeint sein kann: Information, Entscheidung und persönlich gemeint. Bei meinem Discofox-Tänzer war es kein Nein zu mir, sondern ein Nein wegen fehlender Salsa-Kenntnisse. Das ist erst einmal ein Informations-Nein: „Ich kann nicht Salsa tanzen." Es ist ein Nein zum Salsa und nicht zu mir persönlich – obwohl ich es natürlich persönlich nehmen kann. Dazu kommen wir später.

§ **Informations-Nein**

*Ein Informations-Nein hat, wie der Name schon sagt, etwas mit Information zu tun. Entweder es fehlt dem Nein-Sager eine Information oder er verbindet das Nein mit einer Information.*

*Beispiele:*
*Nein, ich kann nicht Salsa tanzen.*
*Nein, wir haben keine IT-Abteilung.*
*Nein, ich kenne diese Technik nicht.*
*Nein, ohne detailliertes Angebot, kann ich damit nicht zum Chef gehen.*
*Nein, ich habe Ihr Angebot/Ihre Bewerbung noch nicht gelesen.*

*Ein Informations-Nein ist rein sachlich zu betrachten und normalerweise selten persönlich gemeint. Es kann vorläufig oder endgültig sein. Bei dem vorletzten Beispiel können Sie ein Angebot nachreichen und beim letzten direkt fragen, bis wann er/sie sich damit beschäftigt hat.*

Wenn Sie ein Informations-Nein bekommen, fragen Sie sich, ob Sie die fehlenden Informationen liefern können und wollen. Stellen Sie sicher, ob das Nachliefern überhaupt sinnvoll ist. Wenn Sie z. B. einen Bachelor in Arbeitspsychologie haben und das Unternehmen nur einen Master auf diese Position setzen will, dann können Sie nachfragen, warum das so ist und vielleicht mit Berufserfahrung, bestimmten Sprachkenntnissen oder Ähnlichem punkten. Ein Informations-Nein ist damit fast immer eine Aufforderung zum genaueren, hartnäckigen Nachfragen. Filtern Sie also als Erstes die Information aus diesem Nein: In unserem Beispiel besteht die Information darin, dass derjenige nicht Salsa tanzen kann.

Zusätzlich können Sie hier ein Situations-Informations-Nein unterscheiden, wie bei mir: Ich bringe beispielsweise gerne Menschen das Tanzen bei, allerdings nicht, wenn ich zu meinem eigenen Spaß tanzen gehe … Entsprechend bin ich sehr gerne Verhandlungscoach und habe Spaß daran, mit meinen Klienten Techniken oder Schlagfertigkeit zu üben. Trotzdem will ich mitnichten erklären, welche Techniken ich verwende, wenn ich gerade selbst verhandle. Da gäbe es von mir bei beiden Situationen ein sehr klares vorläufiges Informations-Nein: Nein, jetzt nicht! Gerne später, ein andermal oder lassen Sie uns telefonieren, wäre dann die Handlungsinformation dazu. Wenn Sie es schaffen, ein Informations-Nein genau als solches zu werten, statt es persönlich zu nehmen, dann ist es nur noch halb so schlimm.

Übrigens, wenn Sie sich gerade bewerben: Auf eine Position gibt es normalerweise locker 500 Bewerbungen. Jetzt mal logisch betrachtet: Einer oder eine bekommt den Job. Glauben Sie wirklich, dass die 499 anderen das persönlich nehmen sollten? Oder dass der Personaler bzw. Entscheider das 499-mal persönlich gemeint hat? Ich glaube das ja nicht.

Außerdem könnten Sie ja genauso Nein sagen. Ich habe bei meinen Klienten oft das Gefühl, dass eine Bewerbung als Einbahnstraße angesehen wird. Ich bewerbe mich beim Unternehmen und freue mich, wenn die mich nehmen. Was, glauben Sie, macht das Unternehmen? Es bewirbt sich doch genauso bei Ihnen, wie Sie sich bei dem Unternehmen. Also ist eine Bewerbung eine ganz normale Straße – in beiden Richtungen befahrbar. Wenn Sie das jetzt aus dieser neuen Perspektive sehen, dann können Sie sich auch danach verhalten. Das heißt: Auch Sie können ein Informations-Nein aussprechen.

Dasselbe gilt für die Probezeit: Meines Erachtens wird die Probezeit viel zu selten in ihrem ursprünglichen Sinn benutzt. Der Sinn ist, dass Unternehmen und neue Mitarbeiter für eine bestimmte Zeit erproben können, ob sie zusammenpassen oder Aufgabenstellung und Team stimmen. Es ist sinnvoll, das zu überprüfen. Weder Sie noch das Unternehmen können in ein bis drei Bewerbungsgesprächen genau feststellen, ob alles hinterher wirklich passt. Im Lebenslauf ist ein solcher Wechsel übrigens völlig in Ordnung. Sie sollten das nicht dreimal hintereinander machen, dann wird sich der nächste Personaler fragen, was da nicht stimmt. Allerdings, wenn es wirklich so ist, dass es dreimal hintereinander nicht passt, dann ist es eben so. Dann überdenken Sie Ihre beruflichen Ziele am besten noch einmal genauer. Also: Nicht nur das Verhandlungsgegenüber, sondern auch Sie können jederzeit ein Informations-Nein aussprechen. Das schauen wir uns im nächsten Kapitel noch genauer an.

Neben dem Informations-Nein „Ich kann nur Discofox tanzen" gibt es ein Entscheidungs-Nein:

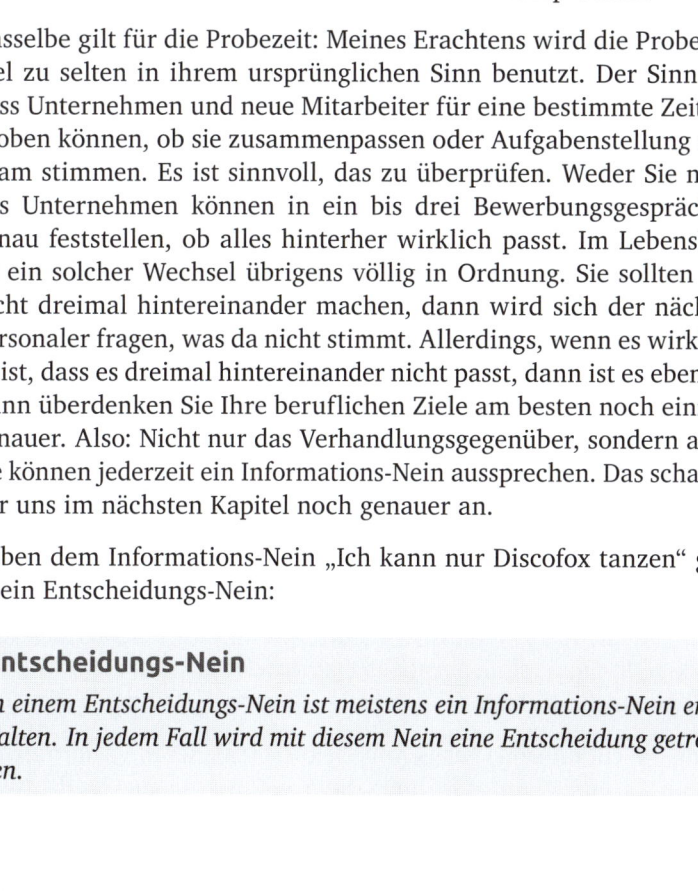

### Entscheidungs-Nein

*In einem Entscheidungs-Nein ist meistens ein Informations-Nein enthalten. In jedem Fall wird mit diesem Nein eine Entscheidung getroffen.*

*Beispiele:*
*Nein, wir brauchen kein Verkaufstraining.*
*Nein, Sie haben kein technisches Studium.*
*Nein, Ihr Profil passt nicht zu uns.*
*Nein, das ist zu hoch für unser Gehaltsgefüge.*

*Versuchen Sie, auch diese Entscheidungs-Neins sachlich und gelassen zu nehmen. Auch sie sind im ersten Schritt selten persönlich gemeint.*

Filtern Sie erst die Informationen aus dem Nein und finden Sie durch Nachfragen heraus, ob Sie die Entscheidung mit einem Alternativangebot verändern können. Fragen Sie sich auch, ob Sie überhaupt ein Alternativangebot abgeben wollen. Denken Sie dabei wieder an die Straße, die von beiden Seiten befahren werden kann. Beide Seiten können entscheiden.

### Vertrösten statt Nein sagen

Kennen Sie diese Vertröster? Ich habe die immer wieder am Telefon. Wir führen ein Gespräch und ich biete meinem Gegenüber etwas an, z. B. ein Verhandlungstraining. Entweder ich spreche nicht mit dem Entscheider, derjenige ist in Eile, die machen grundsätzlich kein Training oder was auch immer, die Antwort lautet wie folgt: „Melden Sie sich doch einfach in einem halben Jahr noch einmal."

Das mag ich besonders und frage dann gerne nach: „Sagen Sie das jetzt, um mich loszuwerden oder weil Sie in einem halben Jahr vielleicht wirklich Interesse haben?" An der Reaktion meines Gesprächspartners merke ich, aus welchem Grund er seinen Satz aufgesagt hat. Erstaunlicherweise bekomme ich sogar oft noch den Nachsatz: „Wahrscheinlich haben wir auch dann kein Interesse." In anderen Fällen erkennen Sie am verlegenen Hüsteln, verhaltenen Lachen oder Rumdrucksen, wie die Wahrheit aussieht.

Ich freue mich über ein Entscheidungs-Nein, selbst wenn ich es erst rauskitzeln muss, denn dann habe ich wieder Energie z. B. für einen anderen neuen Kunden.

Wenn Sie ein Entscheidungs-Nein bekommen und alle Alternativangebote zu einem Entscheidungs-Nein geführt haben, bleibt Ihnen noch die Chance zu prüfen, ob es vorläufig oder endgültig ist. Beim vorläufigen Entscheidungs-Nein heißt es wieder einmal dranbleiben oder entscheiden, dass Sie selbst ebenfalls das Entscheidungs-Nein wählen. In diesem Fall oder wenn das Nein endgültig ist, sollten Sie den Fall auch endgültig loslassen und zu den Akten legen. Falls Sie damit Schwierigkeiten haben, kann es Ihnen helfen, wenn Sie wahrhaftig alle Unterlagen und lose Zettelsammlungen zu diesem Thema zusammensuchen. Diese „Akte" können Sie dann ablegen oder verbrennen, wenn es wirklich endgültig sein sollte. Mit dieser Geste begreift ihr Unterbewusstsein, dass etwas abgeschlossen ist und Sie innerlich und äußerlich einen Haken dran machen können.

Wann genau sollten wir ein Nein persönlich nehmen? Wann ist es wirklich persönlich gemeint? Und wie, um Himmelswillen, sollen wir das rausfinden? Da greifen wir jetzt fast dem Kapitel „Autsch, mein Fuß! – Dein Tanzbereich, mein Tanzbereich" ein bisschen vor. Bitte beachten Sie den Unterschied zwischen Persönlich-Nehmen und Persönlich-Meinen! Der ist nämlich riesengroß.

## Nein – persönlich gemeint oder persönlich genommen

*Ein persönlich gemeintes Nein hat tatsächlich den Zweck, einen anderen wissentlich und gezielt abzulehnen. Oft sind solche Neins mit Verallgemeinerungen und Vorwürfen gespickt. Sie dienen als Schuldzuweisung und nicht selten als Freispruch für den, der das Nein ausspricht. Sie merken das oft an der Betonung, mit der der Sprecher etwas von sich weist.*

*Beispiele:*
*Nein, Sie sehen doch nicht wie eine **Informatikerin** aus.*
*Nein, ich **persönlich** habe natürlich nichts gegen Väter, die Elternzeit nehmen.*
*Nein, natürlich **müssen** Sie diese Zusatzaufgabe nicht übernehmen, wenn Sie das nicht schaffen*

*Ein persönlich genommenes Nein ist schnell passiert: Es reicht, wenn der Korbnehmer schlecht drauf ist oder schlecht auf den Korbgeber zu sprechen ist. Es kann auch sein, dass der Korbgeber zufällig ein Reizthema des Korbnehmers angesprochen hat, und – zack – wird das Nein persönlich genommen.*

*Jetzt wird es ganz gefährlich, wenn Sie ein Nein persönlich nehmen: Ganz heimlich machen wir das manchmal als Ausrede, um nicht mehr weiterverhandeln zu müssen und uns beleidigt in die Schmollecke zurückziehen zu können.*

Gerade eben habe ich mit einer Kundin telefoniert, die mir ein Zweitagesseminar für Juli abgesagt hat, weil sie es wegen akuter Notwendigkeit schon jetzt selbst durchgeführt hat. Vor zwei Wochen hatte ich ihr mein Angebot geschickt und sie hatte mir geantwortet, dass sie ob des Preises noch ein weiteres Angebot einholen wolle. Ich arbeite mit der Kundin schon seit zehn Jahren zusammen und hätte schon allein das sehr persönlich nehmen und mich die letzten zwei Wochen grämen können. Habe ich aber nicht. Am Ende unseres Telefonats sagte sie im Nebensatz, das andere Angebot sei übrigens doch nichts gewesen. Gleichzeitig haben wir uns auf ein Glas Wein verabredet, um zu besprechen, wie wir der nächsten akuten Notwendigkeit vorbeugen können, indem wir dieses Zweitagesseminar regelmäßig einmal im Jahr stattfinden lassen. Jetzt weiß ich, dass sie mich bucht, obwohl sie ein Gegenangebot eingeholt hat. Das ist ein gutes Gefühl.

### Du hast ja keine Ahnung!

Es gibt sie, die persönlich gemeinten Körbe bzw. Neins. In einem Workshop mit ITlern habe ich einmal eine fast bizarre Situation erlebt:

In dem Workshop ging es um einen Konflikt zwischen den Softwareentwicklern und denen, die für dieses Produkt anschließend den Support übernehmen sollten. Ich arbeitete mit beiden Teams einzeln daran, dem jeweils anderen Team zu sagen, was sich ändern sollte, und vor allem, was sie selbst dazu zu tun bereit sind, damit diese Veränderung möglich ist.

Beide Teams – aufeinander losgelassen – blieben in ihren Argumenten sehr sachlich. Und doch konnte ich deutlich den Schwelbrand unter dieser Sachlichkeit spüren. Ich provozierte und tatsächlich – flippte ein Support-Mensch gegenüber einem Entwickler aus: „Du hast doch gar keine Ahnung, was der Kunde braucht. Ihr programmiert, was ihr lustig seid, und wir dürfen es ausbaden. Dazu habe ich schon lange keinen Bock mehr!"

Da war es wenigstens ausgesprochen, das persönlich gemeinte Nein. In diesem Fall war es genau auf diesen Entwickler persönlich bezogen. Allerdings war das auch der Anfang davon, dass an diesem Tag noch jede Menge andere persönliche Animositäten endlich einmal ausgesprochen wurden. Danach konnten die Teams viel offener miteinander umgehen, mussten ihren Ärger nicht mehr unter dem Deckel halten und hatten mehr Verständnis für die jeweils andere Seite.

Die wirklich persönlich gemeinten Neins sind selten. Möglicherweise kommen sie in der Zusammenarbeit mit Domenik und Domenika öfter vor. Allerdings herrschen hier eher gezielte Killerphrasen vor. Denken Sie an das Beispiel mit der Teilnehmerin, die meiner Tante so ähnlich war, aus dem Kapitel „Während der Verhandlungssalsa mit Star und Stella". Wenn ich ihr das vorher nicht explizit gesagt hätte, hätte sie einen sehr guten Grund gehabt, meinen Ausbruch persönlich zu nehmen. Schließlich hatte ich wiederum keinen sehr guten Grund, sie anzublöken.

Oft ist auch das eine gute Reaktion, wenn Sie merken, dass Sie einen Korb persönlich nehmen. Sagen Sie einfach: „Sollte ich Ihre Aussage persönlich nehmen?" Ob Sie darauf eine ehrliche Antwort bekommen, kann ich nicht versprechen – im Gesichtsausdruck jedoch werden Sie die ehrliche Antwort ablesen können. Letztlich ist es auch hier immer eine Fifty-fifty-Chance, ob das Nein wirklich persönlich gemeint ist oder nicht. Und wieder einmal der Hinweis: Fragen hilft!

Treten Sie beim nächsten Nein innerlich einen Schritt zurück und prüfen Sie, um welches Nein es sich handelt. Wenn Sie gerade in einer Bewerbungsphase sind, freuen Sie sich bei einem Entscheidungs-Nein über freie Energie, die Sie für die nächsten Bewerbungen haben. Geben Sie dem „Noch-Nicht-Arbeitgeber" das Gefühl, dass sein Nein völlig in Ordnung ist und er jederzeit wieder auf Sie zukommen kann, wenn er Ja sagen will.

### Nein, nein, nein – mit dem Korb umgehen lernen

- Setzen Sie sich an Ihre Kladde und schreiben Sie möglichst viele Situationen auf, in denen Sie einen Korb kassiert haben.

- Schreiben Sie zu jeder Situation dazu, um welches Nein es sich gehandelt hat.

- Bei einem Informations-Nein schreiben Sie dazu, ob und, wenn ja, welche Informationen ein Ja daraus werden lassen können.

- Bei einem Entscheidungs-Nein finden Sie Alternativangebote und/oder stellen Sie fest, ob es vorläufig oder endgültig ist.

- Bei einem persönlich genommenen Nein gehen Sie in sich und finden Sie heraus, ob es auch wirklich persönlich gemeint war.

- Überlegen Sie sich im letzten Schritt, wie Sie in Zukunft mit den jeweiligen Neins umgehen wollen.

Sie entscheiden, welches Gewicht der Korb in Ihrem Innenleben bekommt!

### Adrenalinabbau im Notfall

Sie haben einen Korb bekommen. Sie haben ihn persönlich genommen, warum auch immer. Es brodelt in Ihnen und Sie können kaum an sich halten. Bevor Sie den Korbgeber treten oder sonst irgendetwas Unüberlegtes tun, reagieren Sie sich bitte ab. Wenn möglich, machen Sie Sport. Im Zweifel hilft auch Treppenlaufen, zerknülltes Papier an die Wand schmeißen oder einfach laut zu schreien. Sie glauben nicht, wie oft ich im Auto mein Lenkrad anschreie. Gut, ich entschuldige mich anschließend auch immer bei meinem Lenkrad. Ehrlich.

Suchen Sie sich etwas, das Ihnen hilft, den Stress, den der Korb aufgebaut hat, wieder abzubauen. Auch ein Telefonat mit einem Freund oder einer Kollegin kann Ihnen dabei helfen. Sie sollten allerdings klarstellen, dass Sie jetzt keine Ratschläge benötigen, sondern nur Bestätigung wie z. B. „Du hast völlig recht" oder „Der spinnt wohl!".

## Selbst Körbe verteilen – elegant und selbstsicher

„Nein" ist ein ganzer Satz. Das haben Sie jetzt schon mehrfach gelesen und es stimmt immer wieder. Vielen fällt es schwer, ein Nein auszusprechen. Deswegen liefern diese Menschen gerne gleich eine Erklärung oder gar eine Rechtfertigung mit. Eventuell könnte es auch daran liegen, dass der Neinsager selbst gerne immer eine Erklärung für einen erhaltenen Korb haben will.

Wie ist es bei Ihnen? Sagen Sie ungern Nein? Landen deswegen auch häufig ungeliebte Fleißarbeiten immer wieder auf Ihrem Tisch? Haben Sie sich darüber schon oft geärgert? Entscheiden Sie jetzt, ob Sie das so lassen oder verändern wollen. Wenn Sie es verändern wollen, üben Sie Neinsagen in kleinen ungefährlichen Situationen: Beim Metzger auf die Frage: „Darf es ein bisschen mehr sein?", im

Restaurant auf die Frage: „ Ist der Platz noch frei?" oder „Darf es ein Salat dazu sein?". Wenn Sie dann durch die Übung sicherer geworden sind, trauen Sie sich, bei mittleren, anspruchsvolleren Situationen Nein zu sagen. Viele meiner Klienten haben inzwischen eine meiner Kimich-Tassen auf dem Schreibtisch stehen, auf der steht „Nein ist ein ganzer Satz!" Das erinnert sie ständig daran, dass Neinsagen erlaubt ist und oft hilft.

Zurück zum Verhandlungstango: Wie verteilen Sie hier einen Korb und das am besten elegant und selbstsicher? Dafür kann ich Ihnen einen sogenannten Drei-Bewerbungs-Marktcheck wärmstens empfehlen, den wir im Aufbrezln-Kapitel schon angeschnitten hatten:

## Drei-Bewerbungs-Marktcheck

- Bewerben Sie sich auf mindestens drei Stellen, bei denen eine Komponente nicht stimmt.

- Fordern Sie bei diesen Stellen dort 50 bis 80 % mehr Gehalt.

- Bleiben Sie hart im Verhandlungstango und sagen Sie „Nein, drunter komme ich nicht zu Ihnen".

- Sie werden erstaunt sein, wie oft Sie damit durchkommen. Dann haben Sie allerdings auch den Schlamassel, dass Sie möglicherweise einen Korb verteilen müssen. Oder Sie nehmen es an und haben damit Ihren Marktwert drastisch gesteigert.

**Extra-Tipp für Selbstst**ändige:

- Erhöhen Sie bei den Kunden, bei denen Sie etwas nervt, einfach mal von heute auf morgen den Preis um 50 bis 80 %.

Wenn Ihnen Ihr Verhandlungstanzpartner etwas unter Ihrem Minimalwert anbietet, dann ist das ein Fall, in dem Sie einen klaren Korb verteilen sollten. In dem Fall ist ein Nein ohne Begründung durchaus angemessen. Streichen Sie Rechtfertigungen aus Ihrem Sprachgebrauch. Sie machen sich damit klein. Sagen Sie freundlich Nein und halten Sie Augenkontakt. Eine weitere Möglichkeit ist, dass Sie sagen: „Nein, da kommen wir nicht zusammen", aufstehen, in aller Ruhe zusammenpacken und sich zum Gehen wenden. Es kann gut sein, dass Sie dann sogar mit einem besseren Angebot zurückgehalten werden.

**Antworten – kreativ und selbstsicher**

Setzen Sie sich mit Freunden, Kollegen usw. zusammen und kreieren Sie verschiedene Nein-Antworten für verschiedene Situationen:

Beispiele:

- Nein, für dieses Gehalt arbeite ich gerne 30 und keine 40 Stunden.

- Nein, bei einem 20-Stunden-Job akzeptiere ich keine mit dem Gehalt abgegoltenen Überstunden.

- Nein, unter 30 Tagen Urlaub bin ich nicht zu haben.

Üben Sie die gefundenen Antworten im Rollenspiel mit verschiedenen Stimmlagen: Bestimmt, schmeichelnd, lustig, ärgerlich. Dann verliert das Nein langsam und sicher seinen Schrecken.

## Partnercheck III: Körbe für wen und von wem?

Pro Verhandlungstanzpartner biete ich Ihnen einen Tipp zur **Aktion** – Sie sagen aktiv Nein, wenn Sie einen Korb geben wollen – und einen Tipp zur **Reaktion** – Sie hören ein Nein, wenn Sie von demselben einen Korb bekommen.

**Aktion:** Bei Max und Maxima ist es wie immer einfach. Hier dürfen Sie nicht nur, Sie sollen ein Nein sogar begründen. Wichtig ist vor allem, dass es ein rein sachliches Nein ist, ohne jeden Beziehungsschnickschnack. Max und Maxima würden ein persönlich gemeintes Nein vermutlich auch gar nicht als solches erkennen. Sie hören einen Korb in erster Linie erst einmal von der inhaltlichen Seite. Wenn die für sie stimmig ist, werden sie einen Korb auch akzeptieren. Vorsicht: Wenn Sie Max und Maxima mit einem Korb dazu bringen wollen, Ihnen mehr zu zahlen: Das funktioniert nicht – schon gar nicht unter Druck.

**Reaktion:** Der Korb, den Sie von Max und Maxima bekommen, ist vermutlich auch rein sachlicher Natur. Nehmen Sie ihn auf keinen Fall persönlich und scheuen Sie sich nicht, inhaltlich nachzufragen. Außerdem können Sie bei diesem Verhandlungspartner bei einem Korb am besten durch Fragen auf inhaltlicher Ebene nachhaken. Da das Nein immer ein sachliches ist, lässt sich oft an den sachlichen

Voraussetzungen noch etwas drehen oder nachliefern, sodass aus dem Nein ein Ja werden kann.

**Aktion:** Bewahren Sie, wie fast immer bei Domenik und Domenika, auf jeden Fall Haltung. Die beiden riechen es meilenweit gegen den Wind, wenn Sie nicht hinter Ihrem Nein stehen. Wenn Sie also unsicher sind, sollten Sie bei diesem Verhandlungspartner extrem viel und gut üben, damit der Korb sicher und gut beim Empfänger ankommt. Jegliche Rechtfertigungen oder Erklärungen nutzen Domenik und Domenika sofort als Ansatzpunkt, um Ihr Nein zu erschüttern. Deswegen ist es sehr wichtig, dass Sie vorher genau wissen, wozu Sie wie genau Nein sagen wollen. Nach dem Nein unbedingt eine Pause machen und den Augenkontakt halten.

**Reaktion:** Ein Korb von Domenik und Domenika kann auch ein Test sein, um festzustellen, wie Sie damit umgehen. Neigen Sie dazu, ein Nein immer persönlich zu nehmen, dann sollten Sie sich hier gut wappnen. Domenik und Domenika spielen gerne mit ihrem Gegenüber wie die Katze mit der Maus. Zeigen Sie Größe, wenn Sie einen Korb bekommen, und finden Sie heraus, unter welchen Umständen Sie zum nächsten Zug kommen können. Geben Sie sich auf keinen Fall mit dem ersten Nein zufrieden. Sie wissen ja, Domenik und Domenika wollen Gegner, keine Opfer.

**Aktion:** Star und Stella nehmen einen Korb im jeweiligen Moment immer persönlich. Achten Sie also darauf, den sachlichen Teil des Korbs hervorzuheben. Am besten schieben Sie sogar etwas Schriftliches hinterher, damit Star und Stella nicht behaupten können, der Korb habe nie stattgefunden.

**Reaktion:** Das Schöne an Star und Stella ist, dass sie Ihnen zwar impulsiv einen Korb geben, aber es eine Stunde später möglicherweise schon wieder vergessen haben. Oder sie haben ihre Meinung bereits wieder geändert. Deswegen ist es auch so wichtig, dass Sie immer alles schriftlich machen, wenn Sie ein Ja bekommen. Wenn Sie einen Korb bekommen, lassen Sie das mit dem Schriftlich-Machen lieber, sondern fragen Sie einfach zu einem günstigeren Zeitpunkt noch einmal nach.

**Aktion:** Traugott und Traudel stellen, wenn sie einen Korb bekommen, gerne auch gleich die Beziehung infrage. Sie nehmen es sehr persönlich und es ist enorm wichtig, die Beziehung zu sichern, bevor Sie einen Korb aussprechen. Sagen Sie zum Beispiel: „Unabhängig von unserer Beziehung, gibt es etwas, was ich dir sagen will." Zeigen Sie nach dem Aussprechen des Neins, dass Ihnen etwas an der Beziehung liegt, allerdings nur, wenn dem wirklich so ist. Sonst seien Sie lieber ehrlich und beenden eventuell die Beziehung mit einem Korb.

**Reaktion:** An der Art und Weise, wie Traugott und Traudel Ihnen einen Korb geben, merken Sie sofort, wie es um Ihre Beziehung steht. Wenn diese Verhandlungstanzpartner ein Nein persönlich meinen, ist alles zu spät. Wenn nicht, werden Sie schon am Tonfall merken, dass Ihre Beziehung in Ordnung ist und dass es ein Muss-Nein ist, an dem Traugott und Traudel nicht vorbeikommen. Reagieren Sie am besten verständnisvoll, damit Traugott und Traudel kein schlechtes Gefühl haben und Sie weiter mit diesen Verhandlungstanzpartnern gut zusammenarbeiten können.

## Exkurs: Interview mit Jessica Leicher, Expertin für Haltung und Bewegung

Jessica Leicher nenne ich liebevoll meine „Schütteltante", d. h. sie beschäftigt sich mit dem Thema Körperwahrnehmung, Haltung und Bewegung. Sie unterstützt Menschen, ihren Körper besser zu verstehen und damit locker, leicht und entspannt durchs Leben zu gehen. Deswegen ist sie die richtige Expertin, um mit mir über das Thema „Haltung im Verhandlungstango" zu sprechen.

**C. K.:** Wo brauchen wir am meisten Haltung im Verhandlungstango? Beim „Nein" bzw. wenn wir einen Korb kriegen oder ihn sogar geben, erscheint es mir besonders wichtig. Was meinst du dazu?

**J. L.:** Wichtig bei allen kritischen Situationen ist, sich in seiner Mitte zu fühlen, damit man in seiner Präsenz ist und immer gut reagieren kann.

**C. K.:** Wie kann ich Haltung bewahren? Also, wie kann ich das vorher überlegen oder üben? Was kann ich da genau machen?

**J. L.:** Du kannst vorher Übungen machen, indem du dich auf einen Stuhl setzt und dir vorstellst, du sitzt im Verhandlungsgespräch. Bewege dein Becken im Kreis herum und spüre deine Pobacken und deine Wirbelsäule.

**C. K.:** Dann sitze ich also schon mal fest auf meinem Hintern. Wenn ich das Verhandlungsgespräch im Stehen führe, gibt es sicher auch eine Übung?

**J. L.:** Im Stehen kannst du dich auf deine Füße konzentrieren und ein bisschen hin und her pendeln wie ein Grashalm im Wind, der hin und her schwingt und trotzdem gut verwurzelt ist.

**C. K.:** Das heißt, ich habe entweder einen guten Stand oder einen guten Sitz im wahrsten Sinne des Wortes. Kannst du uns für jeden einzelnen Verhandlungstanzpartner einen speziellen Tipp geben? Wenn die einen Korb bekommen, wie können sie dann am besten Haltung bewahren und damit umgehen? Fangen wir mit Max und Maxima gleich an.

**J. L.:** Max und Maxima sollten versuchen, für sich klar zu sitzen. Wenn sie einen Korb bekommen, dann streift dieser sie quasi nur und sie bleiben in ihrer Klarheit und ihrer Präsenz.

**C. K.:** Max und Maxima haben wahrscheinlich ohnehin gar keine großen Probleme damit, weil sie wenig persönlich nehmen, sondern auf der sachlichen Ebene denken. Bei Domenik und Domenika wird es wahrscheinlich schwieriger, oder?

**J. L.:** So ist es. Für die ist es umso wichtiger, dass sie sich beim Sitzen bewusst zurücklehnen und ein- und ausatmen. Das hilft in den meisten Fällen, den Korb weniger persönlich zu nehmen.

**C. K.:** Also nicht direkt als Angriff werten, um dann sofort den Gegenangriff zu starten, was sich dann oft hochschaukelt. Gehen wir zu Star und Stella, die nehmen ein Nein schon sehr persönlich, oder?

**J. L.:** Richtig, die sollten sich vor dem Verhandlungsgespräch an ein Erlebnis erinnern, in dem sie sehr stark waren. Beim Korb können sie dann dank dieser Gedanken leichter aufrecht bleiben.

**C. K.:** Das nenne ich den Marmeladenglas-Effekt (siehe Beispiel im Kapitel „Autsch, mein Fuß – Dein Tanzbereich, mein Tanzbereich"). Bleiben noch Traugott und Traudel. Was ist, wenn die einen Korb kriegen? Die sind manchmal ganz nah am Wasser gebaut.

**J. L.:** Sie brauchen eine gute Stärkung. Da kann es helfen, sich daran zu erinnern, wie ich beim „Anlehnen" Halt und Unterstützung bekommen habe. Wer hat mich schon einmal in meinem Leben gestützt? Sie schaffen es damit, ihre eigene Sicherheit zu spüren.

**C. K.:** Sie nutzen dann ihr Beziehungsgeflecht als doppeltes Netz und Boden. Nächste Runde: Was ist denn, wenn die vier Tanzpartner jeweils einen Korb geben, da tut sich ja auch der ein oder andere schwer. Domenik und Domenika fällt das sicher super leicht. Gib uns bitte einen Tipp für jeden. Wie kann derjenige einen Korb geben, ohne selbst tot umzufallen?

**J. L.:** Max und Maxima, die sind gut strukturiert und wissen ganz genau, wann sie einen Korb geben. Sie müssen nicht viel darüber nachdenken.

**C. K.:** Genau, der Korb ist sowieso sachlicher Natur.

**J. L.:** Domenik und Domenika wissen auch, wann sie einen Korb geben: Sie sollten auf ihre Stimme achten und auf ihre Worte. Star und Stella sollten gut verwurzelt mit ihren Füßen sein, damit sie ruhig und bestimmt den Korb geben mit dem Bewusstsein: Das ist in Ordnung. Traugott und Traudel dürfen sich frei fühlen zu sagen „Okay, ich gebe diesen Korb". Das bedeutet jedoch nicht zwingend, dass sie dabei den anderen verletzen.

**C. K.:** Deswegen werden sie nicht weniger liebgehabt oder das hat im ersten Schritt nichts mit der Beziehung zum anderen zu tun. Ich denke, denen fällt es besonders schwer, ein Nein auszusprechen. Wir haben wieder jede Menge für den Verhandlungstango aus der anderen Perspektive – in dem Fall der Körperwahrnehmung – herausgezogen. Danke, Jessica!

*Jessica Leicher*
*www.jessica-leicher.de*
*Foto: Sabine Fritz*

# Die Musik beginnt – wer führt?

Der Partner, die Partnerin ist gefunden. Der Tanz ist gewählt. Die Musik beginnt. Jetzt stellt sich die Frage: Wer führt? Ohne Ziel ist auch der Weg egal – genauso ist es mit fehlender Führung beim Tanzen: Es führt zu nichts und Spaß macht es schon gar keinen. Mit Freude geht es nicht nur leichter, sondern meist auch erfolgreicher. Voraussetzung für gute Führung ist der Gegenpart, der sich führen lässt. Führen und führen lassen – haben Sie darüber in Zusammenhang mit Geldverhandlungen schon einmal nachgedacht? Nein? Dann ist jetzt der richtige Zeitpunkt, um damit anzufangen! Was bringt Ihnen die Führung? Das ist einfach, oder? Klar, wer führt, gibt den Takt oder in unserem Fall den Preis an. Was aber, wenn der andere den Preis nicht bezahlen will oder kann? Dann kann es durchaus hilfreich sein, sich führen zu lassen, nach seinen Ideen zu fragen und so eine gute gemeinsame Lösung zu finden.

## Welcher Rhythmus steht an?

Mit dem Rhythmus ist das so eine Sache. Gerade ist auf Messen, Konferenzen und Partys „Silent Disco" total in – Tanzen mit drahtlosen Kopfhörern. Von außen sieht das natürlich lustig aus, vor allem, wenn man keine Kopfhörer aufhat. Es fällt auch sofort auf, wenn ein Paar auf diese Weise zwar miteinander tanzt und sich trotzdem anscheinend zu unterschiedlichen Rhythmen bewegt. Spannend fände ich, einen Test zu machen, was passiert, wenn die beiden tatsächlich unterschiedliche Musik eingespielt bekämen: Wer dann führt oder ob die folgende Person sich trotz anderem Rhythmus führen lässt? Bei guter Führung würde vermutlich sogar ein Kopfhörer für den Führenden ausreichen.

Ich frage mich bei diversen Tanzabenden öfter, ob ein Paar zum gleichen Rhythmus oder zur gleichen Musik tanzt. Manche tanzen gemeinsam, leider auch gemeinsam komplett neben dem Rhythmus. Wenn sie dabei Spaß haben, sind sie mir immer noch lieber als so genannte Kampftänzer, bei denen das Ganze eher einem Nahkampf gleicht und der Rhythmus allenfalls eine untergeordnete Rolle spielt.

Und wissen Sie, wer mir die allerliebsten sind? Die sich ausschließlich selbst darstellenden, meist auch selbst ernannten Tanzlehrer, die hauptsächlich zeigen wollen, wie toll sie sind. Blöderweise vergessen sie dabei, dass Tanzpaare nur gut aussehen, wenn sie miteinander tanzen. Das bedeutet, die Dame ist das Bild, der Herr bildet den Rahmen. Das sind die einzigen Tänzer, die ich auch mal nach einem halben Tanz gnadenlos stehen lasse. Vor allem, wenn sie mir während des Tanzens haufenweise zusätzliche verbale Anweisungen geben, wo ich hindrehen und wie ich mich bewegen soll. „Wenn du führen könntest, bräuchtest du nicht so einen Schmarrn verzapfen," denke ich dann immer und verabschiede mich von der Tanzfläche. Das Leben ist zu kurz für schlechte Tänzer!

Im Kapitel „Wer tanzt mit wem?" habe ich Ihnen zu den jeweiligen Verhandlungstanzpartnern auch verschiedene Rhythmen und Tänze zur Erkennung an die Hand gegeben. Diese Rhythmuskenntnisse können Sie jetzt einsetzen.

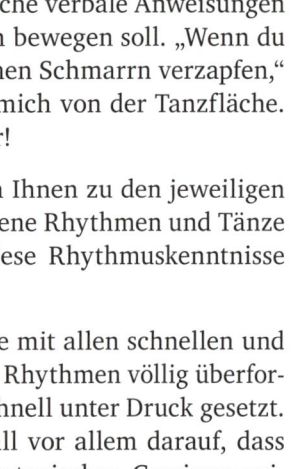

Max und Maxima werden Sie mit allen schnellen und vor allem unkontrollierbaren Rhythmen völlig überfordern. Sie fühlen sich dann schnell unter Druck gesetzt. Also achten Sie in diesem Fall vor allem darauf, dass Sie Ihren Rhythmus den strategischen Gewinnmaximierern anpassen, wenn Sie ein gemeinsames Ziel erreichen wollen.

Domenik und Domenika wollen den Rhythmus, der natürlich schnell und zackig ist, gerne immer selbst vorgeben. Lassen Sie sie in dem Glauben, dass dem so ist. Das bedeutet: Formulieren Sie Ihre Ideen so geschickt, dass Domenik und Domenika denken, sie wären selbst draufgekommen. Eine gute Unterstützung bietet die Meinungsfrage: Was meinen Sie zu diesem Punkt? Wie stellen Sie sich das genau vor? Wenn Sie den Rhythmus oder die Richtung der Verhandlung wechseln wollen, machen Sie das geschickt und schnell.

Star und Stella wollen „nur" gut aussehen. Der Rhythmus spielt dabei eine untergeordnete Rolle, wenn er ihren Auftritt untermalt. Dramatisch, witzig, aufregend, atemberaubend – alles darf sein, Hauptsache, das Scheinwerferlicht strahlt auf sie. Wenn Sie Star und Stella noch mehr strahlen lassen, können Sie den Rhythmus auch gerne ständig wechseln, damit haben die mitreißenden Entertainer kein Problem.

Traugott und Traudel tanzen vor allem gerne gemeinsam zum Rhythmus. Solange Einigkeit besteht, ist der Rhythmus nicht ganz so wichtig. Allerdings könnten laute Bässe oder schnelle Rhythmuswechsel durchaus das empfindliche Beziehungsgeflecht stören. Wählen Sie den Rhythmus also weise und achten Sie noch mehr auf die Reaktionen Ihres Verhandlungstanzpartners als bei allen anderen.

## Rhythmuswechsel – aktiv herbeigeführt

- Suchen Sie sich jemanden, mit dem Sie diese Übung zu zweit durchführen können.
- Stehen Sie einander gegenüber. Legen Sie fest, wer führt.
- Der Führende versucht, nur mit seinem Körper, sein Gegenüber in Bewegung zu bringen.
- Führen Sie dabei ein paar Schritte vorwärts und rückwärts. Wagen Sie sich gerne auch an eine Drehung.
- Tauschen Sie sich aus, wie Sie sich gefühlt haben.
- Stellen Sie fest, was funktioniert hat und was nicht.
- Wechseln Sie die Führungsrolle und machen Sie das Ganze noch einmal.
- Nehmen Sie Tanzhaltung ein und probieren Sie es auf diese Weise noch einmal.

Nach ein paar Verhandlungstangos – mit welchen Tanzpartnern auch immer – sind wir schon ein bisschen geübter und haben die ersten Schritte überstanden. Schon kommt die nächste Herausforderung: Einer ist zu schnell, der andere zu sehr im Detail, der eine vergisst vor lauter Figurenbegeisterung das Führen, die andere denkt gar nicht daran, sich führen zu lassen. Das und noch vieles mehr kann den gemeinsamen Rhythmus verhindern, dann hakt es und – zack – stehen wir uns auf den Füßen – absichtlich oder unabsichtlich … Wer sein Programm durchzieht, ohne den anderen mitzunehmen, wer den anderen so schnell über den Tisch zieht, dass derjenige die Reibung als Nestwärme empfindet oder während des ganzen Gesprächs nur auf seinen eigenen Vorteil bedacht ist, wird es schwer haben, übers Parkett zu schweben! Nur wenn Sie beide ein gemeinsames Ziel haben, wird es eine echte gemeinsame Lösung geben und Sie können wie auf Wolken im Business-Himmel schweben. Zu den tragenden Wolken gehören Ehrlichkeit, Höflichkeit, Kommunikation, Empathie und echtes Interesse am Partner! Wenn Sie diese Wertschätzung Ihrem Verhandlungsgegenüber schenken, wird diese zum größten Teil zurückkommen und der gleiche Rhythmus, bei dem jeder mit muss, kann beginnen.

## Führen, folgen und führen lassen

Im Interview mit Veronika von Heise-Rotenburg haben wir gelernt, dass beim Tango Führen und Folgen gleich wichtig sind. Wie bei keinem anderen Tanz herrscht hier Gleichberechtigung. Was hat es denn jetzt mit dieser Führung genau auf sich? Heißt das, ich muss immer vorne weglaufen? Wer fragt, führt, heißt es so schön. Bedeutet das, ich muss eine Frage nach der anderen abfeuern? Nein. Erstens ist „müssen" verstorben und zweitens ist aktives Zuhören durchaus eine adäquate Führungsmethode. Wenn Sie nämlich nicht hören, was der andere sagt, dann brauchen Sie auch nicht zu führen, er wird Ihnen nicht folgen. Darin liegt die Crux beim Verhandlungstango: Es funktioniert nur, wenn einer führt und einer folgt!

Führung ist ja in gewisser Hinsicht auch immer ein Angebot und wir können entscheiden, ob wir folgen wollen oder nicht. Nach welchen Kriterien entscheiden Sie bis jetzt, ob Sie folgen? Nach Sympathie? Nach guter Führung? Nach gutem Inhalt? Denken Sie ans Mittelalter, da wurden die Überbringer schlechter Nachrichten geköpft. Ganz so ist es heute nicht mehr. Wenn wir ein Angebot bekommen, gibt es zwei Zustände, die uns meist völlig klar entscheiden lassen.

1. Der Überbringer ist sympathisch und er hat ein supergutes Angebot.

2. Der Überbringer ist unsympathisch und hat ein unattraktives Angebot.

Bei beiden Fällen ist es einfach, im ersten Fall werden wir das Angebot freudig annehmen. Im zweiten Fall werden wir es relativ locker ablehnen. Doch was ist mit folgenden beiden Fällen?

3. Der Überbringer ist unsympathisch und hat ein supergutes Angebot.

4. Der Überbringer ist sympathisch und hat ein unattraktives Angebot.

Jetzt wird es schon schwieriger, oder? Mir geht das beim Tanzen auch öfter so, wenn mich einer auffordert, von dem ich weiß, er ist ein sehr guter Tänzer, aber er riecht unangenehm oder hat andere mir missfallende Eigenschaften. Wenn ich den ganzen Abend schon viel getanzt habe, werde ich ihm einen Korb geben. Wenn ich viel rumgestanden bin, sieht die Sache schon wieder anders aus. Wichtig ist dabei, dass Sie bewusst entscheiden, wann Sie führen oder folgen.

Da stoßen wir sofort wieder auf einen Glaubenssatz: Darf ich beim Verhandlungstango überhaupt führen? Ja, Sie dürfen. Wenn ich beim Turniertanzen mit meinem Partner auf der Fläche bin und er mit dem Rücken in Tanzrichtung steht und wir gleich in ein anderes Paar hineintanzen würden, sollte ich ihn tunlichst bremsen, also die Führung übernehmen. Entscheiden Sie, wann Sie Führung übernehmen wollen im Verhandlungstango. Oder ob Sie sie bewusst Ihrem Verhandlungstanzpartner überlassen. Wenn Sie sich entschieden haben zu führen, dann tun Sie es bitte auch. Die Variante „Einen Schritt vor, zwei zurück" ist beim Thema Führung nur bedingt und in ganz seltenen Fällen eine gute Idee. Trauen Sie sich! Stehen Sie zu Ihrer Führungsentscheidung! Stehen Sie es im Zweifel im wahrsten Sinne des Wortes durch.

Schauen wir uns jetzt die an, die nicht folgen können oder wollen. Ich persönlich bin ja der Meinung, dass Nichtkönnen zu mindestens 75 % Nichtwollen ist. Irgendwer macht irgendetwas nicht, weil ihm der Preis dafür zu hoch ist. Es kann sein, dass große Angst der Grund ist, dass es nicht sehr aussichtsreich aussieht, dass ich das Verhandlungsgegenüber noch nie mochte usw. Es ist im Übrigen völlig okay, wenn Ihnen der Preis zu hoch ist. Es hilft dann nicht, wenn ich sage „Ich kann nicht", sondern mir klar mache, aus welchem Grund ich mich dagegen entscheide.

Beim Tanzen gibt es zwei Arten von Nicht-Folgern: Stahlarme und Kaugummiarme. Beim Stahlarm ist der Arm des Partners so stahlhart, dass nahezu keine Bewegung vernünftig führbar ist. Das fühlt sich an, wie wenn Sie gegen einen Bulldozer anrennen. Ich erlebe es oft bei meinen Hochzeitstanzpaaren, dass sich das Führen auf diese Weise sehr schwierig gestaltet und dann sieht der Hochzeitswalzer nicht gut aus. Die Gefahr dabei ist, dass der Führende auch immer härter wird und das Ganze in einen Kampf ausartet.

Das können Sie jetzt eins zu eins aufs Verhandeln übertragen: Wenn schon zu Beginn eines Verhandlungstangos die Fronten auf der anderen Seite verhärtet sind, kann es leicht passieren, dass gleich mit

Kanonen auf Spatzen geschossen wird. Wenn Sie das merken, fragen Sie bitte dringend nach, worum es gerade wirklich geht. In einem solchen Fall ist es selten die Sache, welche die Fronten verhärtet hat. Wenn das Fragen nicht hilft, steigen Sie guten Gewissens aus dem Gespräch aus. Sie werden da nicht weiterkommen. Außer Sie haben Spaß am Kämpfen und laufen bei so einer Herausforderung erst richtig warm. Dann Augen zu und durch, vielleicht schaffen Sie ja Ihr Ergebnis.

Der Kaugummiarm ist noch weniger lustig. Bei meinen Jugend-Tanz-kursen bezweifle ich manchmal, dass sich in diesen Armen Muskeln befinden und dass sie am Körper angewachsen sind. Wenn ich mit so einem Kaugummi-Teenager eine Drehung vortanzen will, habe ich keine Chance. Ich falle durch die nicht vorhandene Spannung ins Leere und bekomme eine Drehung allenfalls zustande, wenn ich mit der anderen Hand wie verrückt schiebe. Ohne einen gewissen Gegen-druck oder Spannung zwischen den Partnern kann ich nicht führen.

Derselbe Fall führt beim Verhandeln entweder dazu, dass der Füh-rende alles durchsetzt und der Verhandlungstanzpartner sich an-schließend zurückzieht oder Dienst nach Vorschrift macht. Meist kommt dabei ein fauler Kompromiss heraus, der sich anschließend bitterlich rächt. Was passiert, wenn zwei Kaugummiarme aufeinan-dertreffen, lesen Sie im folgenden Kapitel.

## Was ist, wenn keiner führt?

Auf die Idee, dem Thema, was passiert, wenn keiner führt, ein eige-nes Kapitel zu widmen, bin ich, ehrlich gesagt, nicht selbst gekom-men. Im Zweifel übernehme ich immer die Führung. Als Kind eines Jägers habe ich drei Dinge zum Thema Führung gelernt:

1. Wer vorne steht, hat das Sagen, und es ist wichtig, dass es einen Anführer gibt.

2. Angriff ist die beste Verteidigung.

3. Wen du verletzt, den musst du schlimmstenfalls auch vernichten können.

Ja, ich weiß, der dritte Punkt klingt hart, lassen Sie ihn einfach ein bisschen nachwirken.

Da mein Vater der Chef-Jäger war, war ich automatisch auch die Chef-Treiberin und hatte in der Kindermeute das Sagen. Dabei war es ganz egal, dass ich das einzige Mädchen war. Auf der Jagd ist es oft tatsächlich lebensentscheidend, in die richtige Richtung zu führen und im ersten Schritt bedingungslos zu folgen.

Mein Vater hat mich immer sehr gefordert, ja manchmal sogar überfordert, z. B. habe ich mit sieben Jahren Traktorfahren gelernt. Wenn mein Vater im Wald die hohen Äste abschneiden wollte, ließ er sich von mir – in der Schaufel des Traktors stehend – nach oben fahren. Als ihn einmal vorbeigehende Passanten fragten, was denn wäre, wenn das Kind den falschen Hebel erwische, antwortete er lapidar: „Die erwischt den falschen Hebel nicht!"

Das ist, glaube ich, eines der großen Geheimnisse meines Urvertrauen-Sees, der ständig nachläuft und nie leer wird: Mein Vater hatte so großes Vertrauen in mich, dass ich überhaupt nicht auf die Idee gekommen wäre, dass etwas nicht funktionieren könnte, was er gesagt hat. Und trotzdem war es auch okay, wenn ich etwas nicht wollte, nicht gemacht habe oder Angst vor etwas hatte. Meine Eltern haben immer wie eine Felswand hinter mir gestanden und mich bedingungslos geliebt – was, glaube ich, das Entscheidende ist. Davon zehre ich jeden Tag und dafür bin ich auch jeden Tag dankbar.

Ich entscheide aufgrund dieser Erfahrungen oft intuitiv, wen ich wie führe. Die Frage nach dem „Ob" kommt dabei fast nie vor. Ich habe meine Führungskompetenzen praktisch mit der Vatermilch eingesogen. Deswegen wäre ich auch nie auf das folgende Beispiel gekommen.

Nach einem Vortragsabend erreichte mich die Mail einer Klientin, die mich zu diesem Kapitel inspiriert hat:

### Ohne Führung kein Ergebnis

Wenn du bei deinen Vorträgen über die vier Verhandlungstypen sprichst und fragst, zu wem wir, dein Publikum, uns zählen, dann sagen die allermeisten zu Max/Maxima oder/und Traugott/Traudel. Ich bin auch so ein Maxima/Traudel-Mix. Wir eher leiseren Menschen gehen, nachdem wir die anderen beiden Typen Domenik/Domenika und Star/Stella gehört haben, davon aus, dass wir uns vor allen Dingen auf diese Verhandlungspartner vorbereiten müssen. Ein Gespräch mit Max/Maxima oder Traugott/Traudel erscheint uns recht problemlos.

Aus meiner Erfahrung ist das aber ganz und gar nicht der Fall: Sehr oft treffe ich auf Typen, die mir sehr ähnlich sind und nicht sofort wie Domenik/Domenika oder Star/Stella ganz automatisch die Führung übernehmen. Beide Seiten gehen dann davon aus, dass der andere die Gesprächsführung übernimmt, was dann häufig nicht der Fall ist. Es ist dann wie beim Tanzen, denn keiner will oder kann führen und wir bewegen uns nur ganz vorsichtig voran, um dem anderen nicht auf die Füße zu treten.

Letzte Woche zum Beispiel hatte ich mich für eine Zusatzaufgabe gemeldet, woraufhin ein Gespräch stattfinden sollte. Ich ging davon aus, dass es sich um ein Auswahl- und Verhandlungsgespräch handelt und überließ „Typ Max" die Gesprächsführung. Er wiederum überließ mir die Gesprächsführung. Das Gespräch plätscherte so dahin, es wurde viel geredet und wenige Abmachungen getroffen. Es war mehr ein vorsichtiges ergebnisloses Herantasten als eine Verhandlung. Nach 45 Minuten sagte „Max", dass er einen anderen Termin habe und soweit alles geklärt sei.

Da wurde mir mein Fehler schlagartig klar, denn ich hatte noch absolut gar nichts verhandelt und mir wurde auch erst in diesem Augenblick klar, dass es kein Auswahlgespräch, sondern schon ein Kennenlerngespräch war. In den verbleibenden drei Minuten habe ich meine Fragen und Forderungen noch schnell benannt.

Letztendlich habe ich meine Forderungen durchgesetzt, aber wenn ich die Gesprächsführung übernommen hätte, wäre das Gespräch weniger undeutlich verlaufen. Dann wären ganz klare Absprachen möglich gewesen und es wäre auch deutlich gewesen, welche Erwartungen an mich gestellt werden.

Es geht also nicht nur darum, sich gut auf Domenik/Domenika und Star/Stella vorzubereiten, sondern auch darum zu üben, die Gesprächsführung zu übernehmen, besonders auch bei Typen, die einem selbst sehr ähnlich sind.

Vermutlich ist meine Klientin kein Einzelfall und vielen ist gar nicht klar, dass sie sich auf jeden Typ gleich gut vorbereiten sollten.

Inzwischen haben Sie ja sicher eine Tendenz gefunden, zu welchen Verhandlungstanzpartnern Sie sich selbst zählen. Sie wissen auch, wie Sie erkennen, welchen Haupttanzpartner Ihr Gegenüber in sich hat. Wenn Sie also selbst zu Max/Maxima und Traugott/Traudel oder einer Mischung aus beiden zählen, dann beobachten Sie sich selbst beim Verhandlungstango oder denken an diverse gelaufene Gespräche zurück.

- Neigen Sie dazu, die Führung dem anderen zu überlassen?

- Passiert es Ihnen öfter, dass Sie nach einem Gespräch kein Ergebnis haben?

- Tasten Sie sich, wenn überhaupt, nur sehr vorsichtig in Richtung Ihres Ziels voran?

Wenn Sie mindestens eine dieser Fragen mit einem klaren Ja beantwortet haben, dann sollten Sie sich überlegen, sich mit dem Thema Führung näher zu beschäftigen. Spüren Sie mit folgender Übung, die ich gern zu Beginn meiner Seminare machen lasse, was bei Ihnen zum Thema Führung passiert:

### Zwei Menschen – ein Papier – ein Stift – kein Wort

- Setzen Sie sich zu zweit an einen Tisch.

- Legen Sie ein Blatt Papier und **einen** Stift bereit.

- Fassen Sie beide mit Ihrer Schreibhand an den **einen** Stift.

- Malen Sie ein Bild, ohne miteinander zu sprechen.

- Wenn das Bild fertig ist, einigen Sie sich auf einen Namen.

- Schauen Sie, wie es Ihnen damit gegangen ist und stellen Sie sich und Ihrem Gegenüber folgende Fragen:

  – Wer hat geführt?

  – Wie ging es mir mit Führen und Führenlassen?

  – Habe ich bewusst entschieden oder mich treiben lassen?

  – Was will ich an meiner Führungsaktivität ändern?

Ich denke, wenn Sie sich vorher klar sind, was Sie in Ihrem Verhandlungstango erreichen wollen, dann ist das schon der erste große Schritt in die richtige Führungsrichtung. Wenn Sie wissen, dass Sie dazu neigen, erst abzuwarten oder die Führung dem anderen zu überlassen, dann überlegen Sie jetzt, ob Sie damit zufrieden sind. Wenn nicht, dann können Sie das Auffordern üben, d. h. Ihre Ziele und Ihre Punkte klar anzusprechen.

Dazu haben Sie ja bis jetzt hoffentlich schon jede Menge Übungen in diesem Buch gemacht, oder? Sehe ich Sie da auf den Boden schielen? Es ist und bleibt so, die Übungen helfen nur, wenn Sie sie auch machen! Der einzige Ausweg aus diesem Dilemma ist: Sie kommen zu mir ins Coaching und üben mit mir und der Videokamera als Unterstützung. Eines kann ich Ihnen garantieren: Wenn Sie mit mir fertigwerden, werden Sie auch mit jedem anderen Verhandlungstanzpartner fertig.

### Geplante Führungsübernahme nach spätestens 15 Minuten

- Wollen Sie die Führung weiterhin gerne erst einmal dem Verhandlungstanzpartner überlassen?

- Setzen Sie sich ein Zeitlimit, z. B. eine Viertelstunde, nach der Sie überprüfen, ob Sie Ihrem gewünschten Ergebnis nähergekommen sind und ob Ihr Gegenüber die Führung übernommen hat.

- Übernehmen Sie nach Ihrem Zeitpuffer die Führung und sorgen Sie dafür, dass das Gespräch zielgerichtet verläuft und mit Ergebnissen endet.

## Weniger denken, mehr tanzen

Oft unterstellen wir oder malen uns jede Menge „Was wäre, wenn"-Situationen aus und wappnen uns gegen mögliche Einwände und vermeintliche Preisdrückangriffe. Meine Lieblingsantwort auf die typische Frage, „Können wir da noch was machen?", lautet: „Klar, wie viel mehr wollen Sie denn bezahlen?", begleitet von meinem strahlendsten Lächeln. Diese Antwort dürfen Sie ab sofort gerne von mir „ausleihen". Sie brauchen Ihr Recht nicht zu fertigen, das heißt sich nicht zu rechtfertigen. Die Grundlage Ihres Geldziels ist vermutlich eine vernünftige Kalkulation und Sie haben sich etwas dabei gedacht. Also stehen Sie zu Ihren Forderungen und hören Sie auf Ihren Bauch, wenn dieser Nein zu Ihrem Verhandlungstanzpartner oder dessen Angebot sagt.

Mit einer Tänzerin, die gegen Sie kämpft, statt sich mit Genuss führen zu lassen, tanzen Sie auch nur den Höflichkeitstanz. Gleiches gilt für Tänzer, die schlecht oder gar nicht führen. Erlauben Sie sich dieses Nein aus Ihrem Bauch auszusprechen und ganz gelassen noch einmal Ihre Bedingungen zu wiederholen. Beide Seiten dürfen sich für oder gegen den Rhythmus entscheiden. Fügt es sich, dann genießen Sie das gemeinsame Schweben auf Wolke Sieben. Fügt es sich nicht, bleiben Sie höflich und gehen respektvoll auseinander.

## Miteinander tanzen auf allen Ebenen

Sie wissen jetzt, mit wem Sie es beim Verhandlungstango zu tun haben. Sie haben aufgefordert. Sie haben offensichtlich keinen Korb kassiert oder sind mit diesem sehr gut umgegangen. Die Musik spielt und Sie bewegen sich idealerweise im gleichen Rhythmus übers Verhandlungsparkett. Eine zusätzliche Unterstützung biete ich Ihnen noch an: Wir schauen uns gemeinsam an, auf welchen Kommunikationsebenen dieser Tanz ablaufen kann. Vier davon habe ich im Angebot:

*Inhalt*
*Beziehung*
*Geschäftsordnung*
*Unterbewusstsein*

Auf der inhaltlichen Ebene finden Sie beim Tanzen Schritte, Tempo, Takt usw. Beim Verhandeln finden sich dort die gesamte Vorbereitung und alle anderen Zahlen, Daten, Fakten – genauso wie der Verstand, objektiv überprüfbare Tatsachen und rationale Betrachtungen. Sie werden es kaum glauben: Max und Maxima fühlen sich auf dieser Ebene am wohlsten.

Die große Gefahr der inhaltlichen Ebene ist allerdings, dass auch bei klaren inhaltlichen Fakten jede Menge interpretiert wird. Wenn mein Verhandlungstanzpartner z. B. fragt: „Finden Sie Ihre Forderung angemessen?", wäre die inhaltliche Antwort ein klares Ja. Schließlich haben Sie sich ausreichend vorab damit beschäftigt. Leider driften wir bei dieser Frage gerne in Richtung Beziehungsebene ab und interpretieren möglicherweise, dass der andere unsere Forderung nicht angemessen findet. Hören Sie auf der inhaltlichen Ebene gut hin und machen Sie sich klar, was neben dem Inhalt Ihre persönliche Interpretation ist. Stellen Sie eventuell durch Nachfragen fest, ob diese Interpretation stimmt. In unserem Beispiel fragen Sie bitte nicht: „Finden Sie meine Forderung unangemessen?", sondern sagen schlicht und einfach: „Ja." Sie sehen, auch „Ja" kann ein ganzer Satz sein.

Wenn Sie nicht genau wissen, dass Sie auf der inhaltlichen Ebene garantiert nicht interpretieren, dann setzen Sie sich an Ihre Kladde und schreiben Sie die inhaltlichen Aussagen Ihrer letzten drei Verhandlungstangos auf. Überlegen Sie anschließend, ob Sie wirklich nur den Inhalt aufgeschrieben haben oder gleich eine Interpretation dazu. Beobachten Sie sich in diesem Zusammenhang auch in Zukunft und entscheiden Sie bei Interpretationsgefahr, ob Sie noch einmal nachfragen.

Auf der Beziehungsebene geht es auch zur Sache, und das manchmal ganz schön heftig. Auf dieser Ebene wohnen die Interpretationen, die Unterstellungen, die Bewertungen – einfach alles Zwischenmenschliche. Sympathie, Antipathie. Die größte Rolle auf dieser Ebene spielen die Gefühle – unsere eigenen genauso wie die unseres Gegenübers. Sorgen Sie auf dieser Ebene für sich und dafür, dass es Ihnen vor und während Ihres Verhandlungstangos gut geht.

Auf dieser Ebene ist meistens auch der Ursprung von Missverständnissen zu suchen. Vor allem, wenn noch andere Personen, die mit dem Verhandlungstango im ersten Schritt gar nichts zu tun haben, uns von der Seite beeinflussen. Wenn Sie ein Beziehungsmensch sind, achten Sie auf das Maß, mit dem Sie auf dem Parkett reagieren.

Die Geschäftsordnungsebene teilt sich in einen formellen und einen informellen Bereich auf: Auf der formellen Ebene finden Sie geschriebene Regeln: Tarifverträge, Betriebsvereinbarungen, Prozessbeschreibungen, Organigramme und ähnliche spannende Dinge. Diese Ebene ist durchaus mit dem Grundschritt beim Tanzen zu vergleichen. Ohne den ist es wirklich schwierig, Variationen zu testen.

Ich höre oft in meinen Seminaren, dass es beim Tarifvertrag keinen Verhandlungsspielraum gibt. Das ist auch wieder so ein hübscher Glaubenssatz. Erstens können Sie meistens sehr wohl innerhalb der Gehaltsbänder verhandeln und zweitens gibt es meistens die Möglichkeit, über die Tarifgruppe hinaus eine Zulage zu vereinbaren.

Auch hier gilt: Wer lesen kann, ist klar im Vorteil. Wer es tut, noch mehr. An dem Punkt, an dem ich im Workshop frage: „Wer hat seinen Tarifvertrag vollständig gelesen?", betrachten meine Teilnehmer und Teilnehmerinnen den Bodenbelag besonders intensiv. Wenn Sie also nach Tarifvertrag bezahlt werden, beschäftigen Sie sich damit! Beschäftigen Sie sich auch mit den Konsequenzen, die entstehen, wenn Sie sich nicht an die formelle Geschäftsordnung halten. Überlegen Sie zusätzlich, ob Sie diese Konsequenzen tragen wollen, bevor Sie auf dieser Ebene in die eine oder andere Richtung handeln.

Auf der informellen Geschäftsordnungsebene wird es ein bisschen haariger. Da hilft auch nur, sehr genau hinzuschauen und hinzuspüren. Auf dieser Ebene wohnen nämlich die ungeschriebenen Gesetze. Und derer gibt es bekanntlich jede Menge, die sich gerne auf den ersten Blick verstecken. Wer geht mit wem zum Mittagessen? Wer ist wann am besten gelaunt? Wer hat welche Eigenheiten? Auch unternehmensinterne Abkürzungen und geflügelte Worte können bei Nichtwissen auf dieser Ebene zu großen Stolpersteinen werden. Beobachten Sie genau, sprechen Sie mit anderen Menschen, um Ihre Beobachtungen zu bestätigen. Trauen Sie sich, Ihre Kollegen zu fragen, wenn Ihnen etwas seltsam oder unbekannt vorkommt.

Über das Unterbewusstsein haben Sie in den vorhergehenden Kapiteln schon jede Menge gelesen und hoffentlich die entsprechenden Übungen dazu gemacht. Ich weiß, dass ich Sie gerade zum gefühlten 38. Mal auf die Übungen hinweise. Ich werde das auch noch mindestens fünfmal tun, auch wenn Sie mich dann hassen. Ich kann mit Hass gut leben. Wissen Sie, warum ich Sie immer wieder daran erinnere? Gerade gestern habe ich mit einer Netzwerkkollegin gesprochen, die mir berichtet hat, dass gerade mein penetranter Tritt in den Hintern sie dazu gebracht hat, bei zwei Auftraggebern ihre Preise zu erhöhen. Auf diese Weise schleiche ich mich hoffentlich auch in Ihr Unterbewusstsein und bringe Sie dazu, etwas zu tun oder zu verändern.

Beobachten Sie sich und lachen Sie im Zweifel einmal laut und herzlich über sich selbst, wenn Sie sich auf dieser Ebene mal wieder ausgetrickst haben. Ich persönlich boykottiere mich besonders gern durch Aufschieberitis. Während des Schreibens an diesem Buch habe ich dabei sehr viel über mich gelacht – das können Sie mir glauben.

Ansonsten ist in Ihrem Unterbewusstsein alles gespeichert, was Sie bisher wissentlich und unwissentlich erlebt haben. Denken Sie an das Beispiel mit meiner Tante, da hat mir mein Unterbewusstsein einen kräftigen Streich gespielt. Wenn Ihr Unterbewusstsein grummelt, bearbeiten Sie das mit den Übungen zu Ihren Gefühlen aus dem Kapitel „Tief durchatmen – los geht's". Wenn Sie in diesem Grummeln einen Glaubenssatz entdecken, bearbeiten Sie ihn mit der Regelübung aus dem Kapitel „Aufforderung zum Verhandlungstanz".

## Partnercheck IV: Wer führt wen und vor allem wie?

Hier noch einmal eine Partnercheck-Tabelle. Wie sie funktioniert, wissen Sie ja schon: Links Ihren eigenen inneren Verhandlungstanzpartner wählen, rechts Ihr Gegenüber. Sie finden im jeweiligen Feld eine Kurzbeschreibung der jeweiligen Führung und eine mögliche Gefahrenwarnung.

| Partner / Sie selbst | Max/Maxima | Domenik/Domenika | Star/Stella | Traugott/Traudel |
|---|---|---|---|---|
| Max/Maxima | Sachlicher Ergebniswunsch vor Führungswille. Gefahr: Keiner führt und dann geht es auch in der Sache nicht vorwärts. | Sache + Siegeswille = D/D führen, M/M folgen. Gefahr: Inhalt kommt zu kurz. Wichtige Informationen werden übergangen. | Sache versus Glamour: nur spannende Inhalte überzeugen. Gefahr: inhaltlich vergaloppieren statt zu führen. | Gute Führung vor Inhalt. Gefahr: unabsichtlich inhaltlich die Beziehungsebene zu überbügeln. |
| Domenik/Domenika | Macht + Ergebniswille = Führung per se. Gefahr: Andere werden abgehängt. | Der Stärkere führt, der andere kämpft. Gefahr: Konzentration auf Kampf statt auf Ergebnis. | Macht versus Glamour = dünnes Eis. Gefahr: Machtspiel überstrahlt, St/St sind beleidigt und schmollen. | Stark in der Beziehung, harmonisch führen. Gefahr: T/T ziehen sich in ihr Schneckenhaus zurück. |

| Partner / Sie selbst | Max/Maxima | Domenik/Domenika | Star/Stella | Traugott/Traudel |
|---|---|---|---|---|
| Star/Stella | Strahlendes Ergebnis mit ergebnisorientierter Führung<br><br>Gefahr: zu abgehoben für die inhaltliche Ebene | Ausstrahlung vor Einstrahlung: Ergebnis vor Schmollen<br><br>Gefahr: Ergebnis fällt hinten runter. | Glitzi-Blitzi-Alarm: um die Wette strahlen<br><br>Gefahr: Strahlen, statt zum Ergebnis zu führen. | Vorsicht: heiß und wild in der Führung<br><br>Gefahr: Ohne Beziehung ist keine Führung zum Ergebnis möglich. |
| Traugott/Traudel | Beziehung festigen, inhaltlich führen<br><br>Gefahr: zu sehr auf Beziehung konzentriert | Führung behalten durch Fragen<br><br>Gefahr: Führungsübernahme persönlich nehmen | Führung vor Beziehung<br><br>Gefahr: sich blenden lassen, Ergebnis vergessen | Gutes Ergebnis dank guter Beziehung<br><br>Gefahr: „Kaffeeklatsch" statt Ergebnis |

## Exkurs: Interview mit Silvia Ziolkowski, der Zukunftsentwicklerin

Im nächsten Interview geht es um Führen und Führenlassen. Ich bin glücklich, dass meine sehr geschätzte Kollegin Silvia Ziolkowski, die Zukunftsentwicklerin, bei mir ist, die nicht nur selbst eine Vision hat. Sie verhilft auch anderen dazu, Visionen zu haben und sie umzusetzen. Wir sprechen über Führen und Führenlassen, Visionen, Verhandlungstango und jede Menge anderes.

**C. K.:** Der Tango mit Druck und Gegendruck hat mit der Führung ganz viel zu tun. Was sagst du dazu?

**S. Z.:** Eine gute Führung muss nicht unbedingt viel Druck aufbauen. Ich glaube, eine Führung funktioniert am besten über Inspiration, und das können die vier Verhandlungstypen natürlich auch – jeder nach seiner Person.

**C. K.:** Wenn es keinen Druck braucht, braucht es auch nicht unbedingt Gegendruck. Dann vielleicht besser führen durch mitreißen? Da wären Star und Stella prädestiniert, die Vision als Führungsinstrument zu benutzen.

**S. Z.:** Absolut. Das Einzige, worauf die achten müssen, ist, dass sie nicht zu überschäumend sind und jeden Tag eine neue Vision ausposaunen. Die eine Vision sollte groß, verrückt und spannend genug sein, dass sie sowohl für sie selbst reicht als auch für die Mannschaft, die sie inspirieren wollen.

**C. K.:** Das hört sich ja schon mal ganz gut an. Domenik und Domenika haben mit der Vision wahrscheinlich auch kein Problem. Die führen ja von Haus aus durch ihre Anwesenheit – mit und ohne Vision. Wie sieht es mit Max und Maxima, den strategischen Gewinnmaximierern aus?

**S. Z.:** Auch die können das, natürlich auf eine ganz andere Art und Weise: Sie sind sehr kognitiv veranlagt, das heißt, die Vision muss für sie sehr nachvollziehbar sein. Also Traumschlösser und solchen Quatsch mögen sie nicht, damit können sie nichts anfangen. Sie würden ihre Vision wohl eher „strategische Ausrichtung" nennen und über einen Plan zu ihrer Vision und zu ihrem Führungsstil finden.

**C. K.:** Wissen die dann vielleicht gar nicht, was eine Vision ist?

**S. Z.:** Ja, wissen die, aber sie definieren es anders. Sie definieren es bodenständiger, es braucht eine klare Richtung, es darf nicht zu viel schmückendes Beiwerk sein, sondern es ist mehr strategische Ausrichtung – das ist unser Leitbild, da wollen wir hin – und oftmals ist es in der Tat auch Zielmaximierung.

**C. K.:** Bleiben noch Traugott und Traudel – da fällt mir sofort dieser Spruch ein, dass Luftschlösser keine Bauvorschriften haben. Die denken in ihrer Beziehungsarbeit ganz anders in Visionen als die anderen drei Typen.

**S. Z.:** Die brauchen die Beziehungsebene ganz dringend, um folgen zu können und um sich führen lassen zu wollen. Wenn jemand wirklich eine klare Vision als Führungskraft hat, der gut vorausgeht, der auch viel Klarheit ausstrahlt, dann sind die hoch dankbar und folgen sehr gerne. Sie müssen auch nicht unbedingt in der ersten Reihe stehen. Wenn sie es doch tun, dann ist das mit Sicherheit ein Miteinander, es wird miteinander die Vision ins Leben gerufen und nach vorne gebracht.

**C. K.:** Der Klassiker: Ein mittelständisches Familienunternehmen, in dem der Chef oder die Chefin – oft sind es auch Ehepaare, die solche Firmen führen – oft Traugott und Traudel sind. Dann erarbeiten die am besten so eine Vision in einem Workshop, mit dir zum Beispiel und mit ihren Mitarbeitern und sorgen dann dafür, dass alle dahinterstehen und gemeinsam dahin gehen.

**S. Z.:** Absolut, da haben die richtig Spaß daran, weil sie das auch entlastet. Sie müssen nicht ständig für ihre Sache kämpfen, sondern die anderen kämpfen mit.

**C. K.:** Das ist doch alles schon mal höchst spannend. Hast du denn für jeden einzelnen Typ noch einen Abschlusstipp, was die für ihr eigenes Führen und Führenlassen im Zusammenhang mit oder ohne Vision berücksichtigen sollten?

**S. Z.:** Grundsätzlich empfehle ich allen Typen, mehr mit inspirativer Kraft als mit Druck zu führen. Das heißt für Max und Maxima: Traut euch, das Ziel auch groß werden zu lassen und nicht beim rein planbaren Ziel hängen zu bleiben. Wenn es eine große Idee ist – ich nenne es mal Idee –, gibt es eine sehr, sehr gute Richtung und Klarheit, ohne dass es einengt.

Bei Domenik und Domenika ist die inspirative Kraft sowieso da. Die strotzen vor Ideen und Visionen. Der wichtigste Tipp hier: Das Team mitnehmen und mitkommen lassen. Nicht jeder ist so schnell wie sie.

Star und Stella empfehle ich wie gesagt, nicht zu viele Visionen auf einmal ins Team zu zaubern. Das verwirrt das Team zu sehr. Lieber eine große Vision verfolgen und diese mit dem Team ausgestalten.

Traudel und Traugott würde ich gern zurufen: Nehmt euch Zeit für eure eigene Vision, geht mal einen Tag raus, denkt darüber nach, macht das für euch selbst klar und trefft eine Entscheidung. Das gibt der Führung Souveränität und dem Team die nötige Sicherheit.

**C. K.:** Da haben wir doch für jeden einen guten Tipp, sodass wir alles noch einmal von einer anderen Seite betrachten können. Vielleicht schauen Sie auch mal, was Ihre eigene Vision ist und ob Sie führen oder folgen wollen, mit welchen Methoden und wie Sie dann insgesamt das Ganze in Ihrem persönlichen Verhandlungstango einbauen. Vielen Dank, Silvia.

*Silvia Ziolkowski*
*www.silvia-ziolkowski.de*
*Foto: Christoph Hellhake*

# Autsch, mein Fuß! – Dein Tanzbereich, mein Tanzbereich

Der Satz mit den Tanzbereichen ist wohl eines der meistwiederholten Filmzitate aus „Dirty Dancing", als Patrick Swayze seinem „Baby" das Tanzen beibringt. In meinem ersten Tanzkurs sagte meine Tanzlehrerin: „Der Herr ist immer schuld." Mein Turniertanztrainer sagte später: „Wer oben steht, hat recht." Inzwischen weiß ich, dass es nichts zur Sache tut, wer recht hat oder schuld ist, sondern wie wir damit umgehen, wenn wir getreten werden oder selbst getreten haben.

Mal ganz ehrlich unter uns Königskindern: Wie haben Sie reagiert, als Sie das letzte Mal verbal oder tatsächlich getreten wurden? Beleidigt, ärgerlich, verletzt, mit Humor oder gelassen? Kommt darauf an, wer uns tritt und in welcher Verfassung wir gerade sind, oder? Wenn es uns gut geht, verzeihen wir viel schneller und leichter. An einem schlechten Tag oder wenn es eine Wiederholungstat ist, neigen wir oft sogar zur Überbewertung des kleinen Tritts. Das ist Ihnen noch nie passiert? So, so – sehen Sie meine hochgezogene Augenbraue? Ich glaube Ihnen das nicht ganz. Seien Sie in diesem Fall auch wieder besonders ehrlich zu sich selbst, es wird Ihnen helfen, mit Tritten in Zukunft besser umzugehen.

Nun passiert es schon mal, das mit dem Treten und Getretenwerden. In den seltensten Fällen geschieht das absichtlich – und wenn doch, werden sowohl Sie als auch Ihr Gegenüber sich genau überlegen, ob das eine gute Grundlage für eine Zusammenarbeit ist. Ich finde nicht. Glücklicherweise treffen Sie auch diese Entscheidung selbst. Was also tun, wenn wir etwas abgekriegt haben oder versehentlich dem anderen auf den Fuß getreten sind? Wenn uns der Fuß weh tut, dann wählen wir am besten die gleiche Vorgehensweise, wie im Kapitel „Was tun bei einem Korb?": Wir bleiben gelassen und idealerweise sagen wir unserem Gegenüber, was uns so getroffen hat und vielleicht sogar warum. Das scheint einfach, oder? Finden Sie am besten live und in Farbe heraus, ob das für Sie einfach ist oder noch ein bisschen Übung vertragen kann ...

Woran merken wir, dass wir den anderen getreten haben? An einer komischen Reaktion, einem verärgerten Gesichtsausdruck oder einer wegwerfenden Handbewegung? Kann sein, kann aber auch nicht sein. Fragen bleibt auch hier eine der am erfolgversprechendsten Methoden zur Informationsfindung. Bitte achten Sie darauf, wertfrei zu fragen, ohne Vorwurf und ohne dem anderen etwas zu unterstellen. Es kann sogar gut sein, dass Sie einen wunden Punkt erwischt haben, dessen sich derjenige nicht bewusst war.

Wenn Sie herausgefunden haben, was oder wo Ihr versehentlicher Tritt getroffen hat, heißt es, sich zu entschuldigen und es bitte auch so zu meinen, wie Sie es sagen. Nur eine ehrliche, echte Entschuldigung kann angenommen werden und gibt damit den Weg für das weitere, unbefangene Gespräch frei.

## Killerphrasen

Erinnern Sie sich an die Schlagfertigkeitsübungen im Kapitel „Domenik/Domenika spielen mit der Macht des Tangos"? Killerphrasen sind fiese, blöde, bremsende, verbale Angriffe, auf die einem oft beim besten Willen nichts Intelligentes und schon gar nichts Witziges einfallen will. Das ist dann wieder die „sprachlose" Situation, in der Sie auf den Boden stampfen wollen, weil Ihnen die supergeniale Antwort fünf Minuten zu spät eingefallen ist. Schauen Sie in Ihr Schlagfertigkeitsnotizbuch aus dem oben genannten Kapitel und freuen Sie sich über die vielen bereits gesammelten Antworten darin. Oder etwa nicht? Dann mal los ... Wir tun was gegen Ihre Sprachlosigkeit, und zwar jetzt gleich!

Erinnern Sie sich auch noch an die Ebenen im vorherigen Kapitel? Das Explosionspotenzial bei Killerphrasen liegt auf der Beziehungsebene, den verletzten Gefühlen. Es gibt kaum eine Möglichkeit, sie auf der Sachebene zu widerlegen. Versuchen Sie also gar nicht erst, sich auf der Inhaltsebene zu rechtfertigen, das geht ziemlich sicher in die Hose. Es geht hier – wie fast immer auf der Beziehungsebene – allenfalls vordergründig um die Sache. Steigen Sie also gekonnt über die Rechtfertigungsfalle – oder noch besser: Nehmen Sie all Ihren Mut zusammen und springen Sie beherzt darüber weg.

Schauen wir uns gemeinsam an, welche „Schlägertypen und Killer" es auf dieser Ebene gibt, warum sie „um sich schlagen" und welche Reaktionsmöglichkeiten Sie haben. Ohne Grund schlägt kein Mensch um sich! Ob uns der Grund des Gegenübers logisch oder angemessen erscheint, tut dabei gar nichts zur Sache. Allerdings fällt es uns eventuell leichter, den Angriff nicht persönlich zu nehmen, wenn wir die Hintergründe durchschauen.

Ich habe die Phrasendrescher, die uns die Killerphrasen um die Ohren hauen, in fünf Kategorien eingeteilt:

- Hau drauf – ich bin der Stärkere!

- Ich steh über dir! Ist das klar?

- Veränderungsangsthasen

- Verschieber/Aufschieberitis

- Schlaubischlumpf, der Besserwisser

Bitte bedenken Sie dabei, dass ich bei diesen Typen bewusst pauschalisiere, damit Sie es im ersten Schritt leichter haben, damit umzugehen. Es kommen viele Mischtypen vor – genau wie bei unseren Verhandlungstanzpartnern. Gehen wir einen nach dem anderen durch und werfen einen Blick auf deren Beweggründe, Phrasen zu dreschen. Anschließend beschäftigen wir uns mit möglichen Antworten.

## Hau drauf – ich bin der Stärkere! – Phrasen

Dem Hau-drauf-Typ geht es darum zu beweisen, dass er oder sie größer, stärker, besser, und zwar alles auf einmal ist. Das soll klarstellen, dass Sie in jedem Fall kleiner, geringer und vor allem schwächer sind, und zwar nicht qua Rolle wie beim nächsten Typ, sondern wegen seiner vermeintlichen Stärke. Unter der scheinbar harten Schale liegt meist eine große Unsicherheit, die mit Coolness und Schlagkraft überdeckt wird.

Im Extremfall sollen diese Sätze Sie sogar lächerlich machen oder bloßstellen. Hauptsache, Sie ziehen den Kopf ein und bleiben hübsch klein. Dieser Phrasendrescher meint es genauso persönlich, wie er es sagt, und nimmt Ihre Verletzung mehr als billigend in Kauf. Diese Menschen setzen darauf, dass Sie zu geschockt sind, um zu antworten. Leider schaffen sie das auch oft. Werden Sie zum Gegner, statt das Opfer zu sein!

### Thomas, 53, Vertriebsleiter

Thomas hatte nahezu keine Stimme, als er mich anrief. Er war hörbar schockiert. Er war im Jahr zuvor schon zu einem Gehaltsverhandlungscoaching bei mir gewesen. Ich fragte alarmiert, was los sei. Er habe eine neue Chefin, und mit der müsse er die Woche drauf verhandeln und bräuchte dringend einen Termin. Er erzählte mir, dass sein Chef gegangen wurde und diese Frau vor einem halben Jahr in den Vorstand gekommen sei. Sie hätte es sich bereits mit ihrer cholerischen Art mit allen verscherzt und er habe gehört, dass sie in den Mitarbeitergesprächen ziemlich heftig reagieren würde. Sie würde nahezu um sich schlagen. Ich sagte ihm, er solle versuchen, Aussprüche seiner Chefin zu sammeln. Das tat er. Diese Sätze sollen in Gesprächen gefallen sein:

- Wer, glauben Sie, soll diesen Mist wieder ausbügeln?

- Was machen Sie eigentlich in Ihrer offensichtlich zu hoch bezahlten Arbeitszeit?

- Sie sind nicht einen Euro Ihres Gehalts wert.

- Mann, Mann, denken Sie doch mal zur Abwechslung mit Ihrem Hirn, falls Sie eines haben.

- Wie konnte so ein Fehler passieren – Sie haben doch Mathematik studiert!

Oha, dachte ich mir, das wird harter Tobak. Thomas gehört eigentlich der Gattung „Domenik" mit hohem „Max"-Anteil an. Jetzt wirkte er eher wie ein kleiner verzweifelter Schulbub: „Was soll ich denn dagegen sagen?" Nicht sagen, sondern fragen, übten wir den Rest der Coaching-Stunde:

Welchen Mist genau? Was ist unser Ziel dabei? Was sind Ihre Erwartungen für mein Tun in meiner Arbeitszeit? Wann wäre ich in Ihren Augen mein Gehalt wert? Was soll der Gedankenoutput genau leisten? Welches Problem soll gelöst werden?

Es dauerte eine Weile, bis die Fragen mit normaler Stimme aus ihm herauskamen. Er ärgerte sich maßlos über sich selbst, weil er so viele Runden brauchte, bis er sicher klang. Eine Woche und einen weiteren Übungstermin später rief er mich in einer ganz seltsamen Stimmung an: „Sie glauben nicht, was passiert ist", sprudelte es aus dem Telefon. „Meine Chefin ist gestern von einem Tag auf den anderen nicht mehr erschienen, und ich wurde gefragt, ob ich die kommissarische Leitung des Bereichs übernehmen will. Und wissen Sie was, ich will und mir geht es gut damit." So hatte er sich vorläufig den Ernstfall gespart. Schauen wir mal, ob und, wenn ja, wann er es noch einmal braucht. Geübt hat er die schlagfertigen Antworten ja jetzt und ist gerüstet für den nächsten Fall.

Hier sind noch ein paar typische „Hau drauf – ich bin der Stärkere"-Phrasen-Beispiele:

- Mein Gott sind Sie wieder emotional.

- Das ist wieder typisch für Sie.

- Sie haben ja eh keine Ahnung.

- Da können Sie doch gar nicht mitreden.

- Als intelligente Frau müssten Sie doch verstehen, dass das so nicht geht.

Tatsächlich ist Fragen bei diesem Typ eine gute Reaktionsmethode, um an den tatsächlichen Kern zu kommen. Der Kern ist dabei – wie oben erwähnt – meist eine große Unsicherheit. Vorsicht: Durch die Fragen signalisieren Sie, dass Sie sich nicht einschüchtern lassen. Da legt dieser Typ Mensch dann schon noch einmal gewaltig nach und haut noch einmal drauf – nicht selten auch und gerade unter die Gürtellinie. Entscheiden Sie sich dafür, das auszuhalten. Dann wird ihm/ihr früher oder später die Luft ausgehen.

Sie können auch klare Grenzen setzen. Rechnen Sie dann damit, dass der Gegenwind erst einmal zum Orkan wird und Sie auch dem standhalten sollten. Wenn Sie es schaffen, das ganze Gepuste nicht persönlich zu nehmen und es an Ihnen vorbeiziehen zu lassen, dann wird es irgendwann windstill. Und Sie können ja immer und jederzeit gehen, wenn es Ihnen endgültig zu doof wird. Immer mit der Ansage, dass Sie gern unter anderen Voraussetzungen gesprächsbereit sind.

Was könnte der/die brauchen? Sicherheit? Überlegenheit? Rückendeckung? Überlegen Sie nur, Sie müssen es ihm nicht geben! Oft hilft es schon, wenn Sie zeigen, dass Sie gar keine Gefahr sind, dass Sie überhaupt nicht vorhaben, an seinem Stuhl zu sägen. Machen Sie sich immer wieder – übrigens bei allen Typen – klar, dass es selten etwas mit Ihnen direkt zu tun hat, sondern dass Sie meist lediglich zur falschen Zeit am falschen Ort sind.

Die folgende Übung gilt für alle Typen. Wenden Sie sie so oft wie möglich für alle „Killer" und „Killerinnen" aus Ihrem Umfeld an. Im Verhandlungstango sind diese Phrasen am ehesten von Domenik/ Domenika oder Star/Stella zu erwarten. Behalten Sie unbedingt Ihr Verhandlungsziel im Auge und fragen Sie so lange gezielt nach, bis Sie Ihr Ziel erreichen.

### Killerphrasenübung für alle Phrasendrescher

- Ergänzen Sie die obigen Beispiele jeweils um mindestens fünf weitere Phrasen.

- Falls Ihnen schon jetzt gute Antworten einfallen, schreiben Sie diese in einer anderen Farbe dazu.

- Überlegen Sie sich konkrete Beispiele aus Ihrer Umgebung.

- Sammeln Sie deren Phrasen und überlegen Sie sich dafür Reaktionsmöglichkeiten.

- Überlegen Sie sich, was dieser Typ braucht.

- Entscheiden Sie, ob Sie es ihm geben wollen.

## Ich steh über dir! Ist das klar? – Phrasen

Wie beim „Hau drauf" geht es auch hier um Macht und ganz besonders um die Sichtbarkeit dieses Machtverhältnisses. Der Unterschied ist, dass in diesem Fall der Phrasendrescher tatsächlich hierarchisch über Ihnen steht. Dieser Hierarchieunterschied wird immer und überall gezeigt, damit es auch ganz bestimmt jeder sieht.

Oft sind es Möchtegern-Chefs, unter deren Chefmaske sich Unwissen oder die Kompensation von Minderwertigkeit verbirgt. Manchmal haben sie das Chefsein auch einfach nicht gelernt. Frei nach dem Motto, der beste Programmierer wird Chefprogrammierer – und woher soll der arme Kerl dann führen können?

Überlegen Sie sehr genau, wann welche Antwort angemessen ist. Vor allem, ob Sie es auch schaffen, zu sich und Ihrer Antwort zu stehen. Sie könnten in ein Wespennest stechen. Diese Art „Killer" nimmt alles persönlich, da er sich ja über die Rolle definiert und damit superleicht angreifbar ist. Leider sitzen diese Menschen oft am längeren Hebel und nutzen das weidlich aus. Trotzdem rate ich Ihnen zu viel Mut. Im schlimmsten Fall können Sie sich immer noch entschuldigen, allerdings nur, wenn Sie die Entschuldigung ehrlich meinen. Sonst stehen Sie zu sich und Ihrer Antwort! Hier ist Rückgrat gefragt!

## Michaela, 32, technische Vertrieblerin

Michaela war super zufrieden mit sich selbst. Sie hatte auf der letzten CeBIT einen ihrer privaten Kontakte überzeugt, mit ihrem Unternehmen zusammenzuarbeiten und dessen Produkte zu vertreiben. Kurz vor ihrem Urlaub stellte sie ihrer Chefin freudestrahlend alle laufenden Projekte mit Status und eventuellen To-dos zusammen. Sie erzählte ihr bei der Übergabe begeistert von dem neuen großen Deal und dass der neue Kunde ein privater Kontakt von ihr sei, Bescheid wisse und ihre Urlaubsdaten hätte, falls was wäre. Dann fuhr sie fröhlich in den Urlaub.

Sie kam wieder und fand als Erstes eine Mail ihres neuen Kunden, der sie um dringenden Rückruf bat, allerdings erst, wenn sie außerhalb des Unternehmens sei. Das tat sie, kaum dass sie aus der Türe draußen war. Während des Gesprächs fiel ihr fast vor Schreck das Telefon aus der Hand: Ihre Chefin hatte ihren Kontakt angerufen und behauptet, Michaela hätte gar nicht die Kompetenz gehabt, diesen Vertrag zu schließen. Da fiel Michaela echt nichts mehr ein. Ihr Kontakt nahm Abstand von dem Deal und sagte abschließend: „Nimm es mir nicht übel, das wird nichts. Melde dich gerne wieder, wenn du einen anderen Arbeitgeber hast oder bei uns anfangen willst. Wir sehen uns ja eh nächste Woche auf ein Bier."

Michaela schlief eine Nacht drüber und fragte ihre Chefin am nächsten Tag, was sie sich dabei gedacht hätte. Die Chefin blickte sie nur schräg über ihre Unterlagen hinweg an und sagte: „ Naja, du hast ja wohl nicht ernsthaft geglaubt, dass du das allein stemmen kannst." Da blieb Michaela wirklich die Spucke weg, und nachdem sie heftig geschluckt hatte, bat sie um ein Blatt Papier.

Darauf schrieb sie ihre Kündigung zum nächstmöglichen Zeitpunkt und war anschließend sehr erleichtert, obwohl sie nicht vorhatte, im Unternehmen ihres Kontakts anzufangen. Sie gönnte sich drei Monate, machte sich dann auf die Suche und ist jetzt sowohl mit dem Produkt als auch mit ihrer Führungsetage zufrieden. Mehr Geld bekommt Sie im neuen Job nicht – es war ihr wichtiger, von ihrer Chefin wegzukommen.

Vorsicht: Generell ist es immer besser, zu etwas hinzuwollen, als von etwas weg. Sie wissen schon, das war das mit dem Leben, das Ihnen Ihre Aufgaben in Form von „interessanten" Menschen so lange serviert, bis Sie Ihren Lernanteil begriffen haben. Bevor Sie also zu etwas Neuem aufbrechen, definieren Sie Ihre Lernaufgabe und lösen Sie sie. Sie können ja schon nach etwas Neuem Ausschau halten und trotzdem lernen.

Weitere typische „Ich steh über dir! Ist das klar?"-Phrasen-Beispiele:

- Was hier wichtig ist, bestimme immer noch ich.

- Für so was Unwichtiges habe ich keine Zeit.

- Kommen Sie erst mal in mein Alter …

- Das wäre ja noch schöner, wenn hier jeder frisch Studierte alles umkrempelt.

- Wie oft soll ich Ihnen noch sagen, dass ich hier die letzte Instanz bin?

Eine der wenigen Chancen, die ich hier sehe, ist zu versuchen, einen „Kumpelkontakt" herzustellen. Dann braucht er/sie keine Angst mehr zu haben. Dieser Typ ist permanent damit beschäftigt, die Fassade aufrecht zu erhalten, sich bloß von niemandem in die Karten schauen zu lassen. Management by Obscurity nennt sich das auch. Nichts aus der Hand geben, Entscheidungen am besten alle selbst treffen, Vertuschungstaktiken anwenden usw.

Was könnte dieser Typ brauchen? Ich befürchte, es wird schwierig, denjenigen so viel Sicherheit zu bieten, wie die brauchen. Zumal sie immer ein fieses Hintertürchen vermuten. Mein Tipp dazu ist: klare Grenzen setzen, nicht auf Kämpfe einlassen und sich einen anderen Job suchen. Ich habe es in meiner ganzen Praxis seit 1995 nur einmal erlebt, dass sich so einer gewandelt hat – nach einer Sauftour mit meinem Klienten. Das schweißt offensichtlich zusammen. Das war allerdings wirklich das einzige Mal.

Auch die oben genannten Phrasen sind am ehesten von Domenik/ Domenika zu erwarten. Sie können allerdings auch von Max/Maxima kommen, wenn sie z. B. in einen Chefjob hineingestolpert sind und sich dort fachlich zu Anfang unsicher fühlen. Versuchen Sie es in diesem Fall über die Sache und bleiben Sie in der Sache auch hartnäckig.

## Veränderungsangsthasen – Phrasen

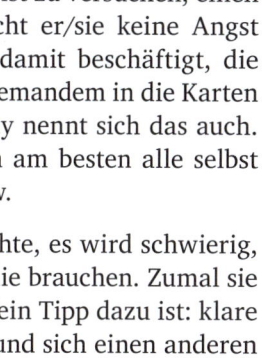

Wie der Name schon sagt, ist der Hintergrund bei diesen lustigen Gesellen die Angst vor der Veränderung. Reinhard Sprenger, der Motivationsexperte, sagt: „Leiden ist leichter als Handeln." Das trifft hier ganz genau den Nagel auf den Kopf. Entwicklung, Bewegung und Neuerungen sind den Angsthasen erst einmal ein Gräuel. Deswegen bleiben sie möglichst auf ihrem Stand und boykottieren oder torpedieren mit ihren Killerphrasen alles, was ihrer Komfortzone gefährlich werden kann. Diese Komfortzone ist so groß, dass sie einer Messehalle gleicht.

### Vor die Nase gesetzt

In meinem allerersten Jahr auf Korsika übernahm ich die Camp-leitung für vier Jugendcamps und die Surfschule. Auf der Insel kannte ich mich bereits aus, französisch spreche ich auch und so freute ich mich, dass Robert, der Mountainbike-Guide schon mehrere Jahre vor Ort war und mich über die dortigen Gegeben-heiten aufklären konnte. Das tat er auch – widerwillig und nur auf Nachfrage. Er machte seinen Job und pflaumte mich meistens schon vor dem ersten Kaffee an, warum ich dieses oder jenes so machen würde oder nicht so gemacht hatte. Ich blieb relativ ruhig, da sonst alles gut lief.

An einem Morgen eskalierte die Situation wegen einer einfachen Warum-Frage. Ich wollte lediglich wissen, warum sich die Grup-pen überschnitten und eine Nacht in ein Übernachtungscamp ziehen mussten. Da ging der gute Robert völlig ohne Vorwarnung in die Luft: „Ja, glaubst du, du kannst zehn Jahre Erfahrung an-zweifeln? Glaubst du, nur weil du französisch sprichst, kannst du hier den dicken Max machen? Ist ja schon schlimm genug, dass du mir – auch noch als Frau – vor die Nase gesetzt wurdest, das brauchst du gar nicht so raushängen lassen!"

Da wusste ich zumindest, woran ich war, und das Problem war ausgesprochen. Allerdings hatte er sich damit selbst um Kopf und Kragen geredet – der Ausbruch fand vor versammelter Mannschaft statt. Diese vermeintliche Schmach ertrug er nicht und reiste nach der halben Saison wegen dringender Geschäfte in Deutschland ab.

Was sagen Veränderungsangsthasen sonst noch?

- Never change a running system.
- Das haben wir immer schon so gemacht.
- Beim letzten Mal ging es doch auch so. Und das war gut.
- Wie soll das denn in der Zeit gehen?
- Das würde den Unternehmensprinzipien widersprechen.

Veränderung macht diesen Phrasendreschern extrem Angst und deswegen vermeiden sie sie um jeden Preis. Dabei darf natürlich auf gar keinen Fall jemand erfahren, dass sie Angst haben. Um mit diesen Menschen konstruktiv zusammenzuarbeiten, hilft, glaube ich, nur Ehrlichkeit und Verständnis. Die wenigsten Menschen mögen

Veränderungen. Irgendwer hat mal gesagt: Veränderungen mögen nur Babys mit vollen Windeln. Wahrscheinlich hat derjenige Recht und wirklich toll findet Veränderungen keiner. Wie gut oder schlecht sie es jeweils finden, liegt an der Größe der Veränderung und des derzeitigen Gesamtzustands des Angsthasen.

Zeigen Sie ihm, dass Ihnen Veränderungen auch nicht so gefallen – nur wenn es wirklich so ist. Finden Sie durch Fragen heraus, wo das Problem wirklich liegt, und versorgen Sie ihn mit genügend Information.

Im Verhandlungstango werden Sie diese Phrasen am ehesten von Traugott/Traudel und Max/Maxima hören. Bei Ersteren stärken Sie am besten die Beziehungsebene, bei Letzteren versuchen Sie den Nutzen auf der Sachebene als Türöffner zu verwenden.

## Verschieber-/Aufschieberitis – Phrasen

Die Aufschieberitis-Phrasen sind den Veränderungsangsthasen ganz ähnlich und die Phrasen klingen fast gleich. Allerdings geht es hier um das Vermeiden von Entscheidungen. Könnte ja Konsequenzen haben – wie ekelhaft. Nein, das machen wir nicht, da entscheiden wir lieber nichts, dann kann uns auch nichts passieren.

Blöd ist nur, dass keine Entscheidung auch eine Entscheidung ist. Diese Typen beherrschen das Vertrösten so gut, dass die Sache gar nicht selten wirklich hinten runter fällt, vergessen wird oder anderen Prioritäten weichen muss.

### Ich würde ja so gerne …

Bettina bat ihren Chef um ein Mitarbeitergespräch zur Gehaltsverhandlung. Es dauerte geschlagene fünf Monate, bis es stattfand. Im Gespräch ging ihr Chef dreimal ans Handy für wichtige Anrufe und musste dann leider schnell zu einem wichtigen Termin, bevor Bettina auch nur dazu gekommen war, eine Forderung zu stellen.

Der nächste Termin fand wiederum drei Monate später statt und zu seinem Bedauern konnte der Chef über die Gehaltserhöhung nicht entscheiden, er würde sich aber sehr bald mit der Personalabteilung in Verbindung setzen. Und wenn sie nicht gestorben sind …

Bettina spielte das tatsächlich fast drei Jahre mit, dann platzte ihr der Kragen und sie wechselte das Unternehmen.

Typische Sätze von Aufschieberitis-Phrasendreschern:

- Wir sollten auf keinen Fall etwas überstürzen.
- Darauf kommen wir bei Gelegenheit zurück.
- Das ist nicht Thema dieser Sitzung.
- Dafür ist gerade keine Zeit.
- Ohne Sie übergehen zu wollen, es gibt gerade Wichtigeres …

Da hilft nur: hartnäckig sein, dranbleiben und Nerven wie Drahtseile haben. Der Vorteil ist, unter so einem Chef können Sie es sich in Ihrem Job gemütlich machen. Wenn Sie das wollen, sei es Ihnen vergönnt.

Die Phrasen können Ihnen bei jedem Verhandlungstanzpartner entgegenschallen. Reagieren Sie dann entsprechend Ihren Übungen in den vorherigen Kapiteln. Finden Sie heraus, was der wirkliche Grund dahinter ist. Beim Verhandlungstango könnte es z. B. sein, dass Ihr Chef schon ein Problem hat, bei seiner Chefin etwas für sich selbst durchzusetzen. In diesem Fall potenziert sich das Problem, wenn er jetzt auch noch mehr Geld für Sie fordern soll. Bieten Sie ihm an, gemeinsam hinzugehen.

## Schlaubischlumpf – Phrasen

Das sind meine persönlichen Lieblinge, die Schlaubis. Oh Mann, gehen die mir auf die Nerven. Sie glauben definitiv, dass sie was Besseres sind. Sie wissen alles, sind neunmalklug, haben immer drei Lösungen, und vor allem tun sie das besonders gern überall und zu jeder Zeit kund. Die Gefahr bei dieser Sorte „Killer" ist, dass dabei wirklich gute Ansätze und Lösungsmöglichkeiten untergehen können, weil wir vor lauter Genervtsein gar nicht mehr wirklich zuhören. Also Vorsicht und gut filtern:

### Das geht gar nicht! Das muss so sein! – Besserwisser in Hochform

Kennen Sie die Menschen, die als Feedback gerne absolute Aussagen machen? So was wie: „Das muss XYZ lauten" oder „Der Leser erwartet hier …" statt „Ich hätte hier erwartet …". Ich habe beim Schreiben meines ersten Buchs schon so jemand im Korrektur-Team gehabt und diejenige nach dem ersten Feedback nicht mehr nach weiterem Input gefragt. Prompt ist es diesmal wieder so.

Ich frage bewusst gut zehn Leute aus ganz verschiedenen Ecken um Feedback, um aus den vielen Sichtweisen das beste Ergebnis herauszuholen und meine eigenen blinden Flecken zu sehen. Meine beste Freundin sagt dann oft: „Ich weiß genau, was du meinst, dann schreib es halt auch so!" oder „Das ist ganz schön heftig, bist du sicher dass du das so schreiben willst?" oder „Ich würde das so nicht schreiben." Das ist alles völlig okay für mich. Ich will Feedback! Was ich nicht will – und da reagiere ich sehr allergisch – sind Anweisungen und „Muss"- bzw. „Geht gar nicht"-Ohrfeigen. Ich nehme wirklich wenig persönlich. Allerdings merke ich durchaus, dass ich an manchen Stellen gar kein Problem mit Umformulierungen habe und an anderen Stellen schon dreimal hinschaue und sehr bewusst entscheide, was ich verändere. Die Schlaubis dieser Erde sagen dann voller Inbrunst: „Nimm diese konstruktive Kritik doch nicht persönlich." Das tue ich auch nicht. Das Wichtigste am Feedback ist mir: Ich will selbst entscheiden, was ich annehme und umsetze.

Gerne sage ich auf Vorträgen: „Wenn Sie mein Buch gut finden, schreiben Sie es an amazon, wenn Sie es schlecht finden, schreiben Sie es mir!" Also schreiben Sie mir, wenn Sie kein Schlaubi sind: Wenn Sie eigene Beispiele oder andere Lösungsideen haben, wie Sie meinen Verhandlungstango finden und vor allem, was er Ihnen gebracht hat.

Weitere typische Schlaubischlumpf-Schlaumeiereien:

- Das siehst du aus einem völlig falschen Blickwinkel.

- Wie doch wohl jeder weiß, …

- In der Theorie mag das klappen, aber in der Praxis …

- Ich habe die ultimative Lösung.

- Das macht man so nicht.

Bei aller Nerverei ist die Gefahr groß, dass die Schlaubis dieser Welt wirklich etwas zu sagen haben. Vermutlich wurde denen so lange nicht zugehört, bis sie sich auf diese Nerv-Variante eingeschossen haben, um überhaupt gehört zu werden. Sagen Sie ihnen also am besten, dass es wichtig ist, was sie – die Schlaubis – zu sagen haben. Sie mögen doch bitte darauf achten, wie sie es sagen – der Ton macht die Musik. Spiegeln Sie diesen Phrasendreschern, dass sie sich ins eigene Fleisch schneiden, wenn sie auf diese Weise an Ihrem Geduldsfaden zerren.

Schlaubi ist nicht spezifisch für einen Verhandlungspartner und kann so leider überall vorkommen. Im Verhandlungstango weiß Schlaubi vermutlich „besser", wie Sie es anstellen, dass Sie zu Ihrem Ziel kommen. Also fischen Sie diese wichtige Information aus den vielen anderen heraus. Das ist anstrengend und hilfreich.

## Antworten mit Witz und Eleganz zu Ihrem Schutz!

So, jetzt haben Sie sich jede Menge Gedanken gemacht und vielleicht auch schon eine paar gute Antworten gefunden. Der Hauptgrund, der uns erstarren lässt: Die gedroschene Phrase trifft uns persönlich, meistens mitten ins Herz. Und zwar dann, wenn wir sowieso schon schlecht drauf sind. Seien Sie ehrlich: Wenn Sie gut gelaunt sind, gehen Ihnen viele Bemerkungen ganz locker am Allerwertesten vorbei, oder?

Was passiert also, wenn wir getroffen werden? Der andere hat einen wunden Punkt und uns in einer miesen Verfassung erwischt. Jetzt heißt es, das Ganze durchschauen und locker bleiben. Leichter gesagt als getan. Sie dürfen übrigens in jedem Fall erst einmal durchatmen. Das ist – wie Sie schon wissen – lebensverlängernd.

### Treffer-Check

- Überprüfen Sie, welche Themen, Sätze, Eigenschaften, Menschen oder Situationen Sie ganz schnell auf die Palme bringen.

- Was ist Ihr eigener Teil dabei?

  – Mögen Sie diese Eigenschaft nicht an sich?

  – Erinnert Sie das an etwas, was gar nichts mit dem Jetzigen zu tun hat?

– Seien Sie ehrlich zu sich selbst. Denken Sie an den Menschen im Spiegel – wenn Sie lügen, glaubt dieser Ihnen kein einziges Wort.

■ Halten Sie Ihre Erkenntnisse in Ihrer Kladde fest.

Es gibt verschiedene Antwortmöglichkeiten – entscheiden Sie beim Einsatz der verschiedenen Möglichkeiten vorher, was Sie erreichen wollen, z. B. Grenzen setzen, inhaltlich vorwärtskommen, Position beziehen, den anderen zum Schweigen bringen, es dem anderen richtig zeigen.

### Welche Antwort für welchen Phrasendrescher gibt welches Ergebnis?

Welche Antwortmöglichkeit für welchen Phrasendrescher und/oder welches Ergebnis am besten geeignet ist, kann ich Ihnen leider nur bedingt sagen, da wir mindestens drei Unbekannte in dieser Gleichung haben:

**(Phrase + Phrasendrescher) × (Getretener + Antwort) = Ergebnis**

Lösen Sie die Gleichung in vier Schritten:

1. Welcher Art sind Phrase und Phrasendrescher?

2. Welcher Verhandlungstanzpartner verbirgt sich hinter dem Phrasendrescher?

3. Was wollen Sie für ein Ergebnis erreichen?

4. Welche Antwortmöglichkeit könnte am besten funktionieren?

Ganz wichtig ist, dass Sie Buch führen, was bei wem wie funktioniert hat und was nicht, damit Sie langsam und sicher ein Gefühl dafür bekommen, was Ihnen am besten liegt und hilft.

## Gegenfragen

Halten Sie Ihr Gegenüber mit Gegenfragen in Schach. Gerade bei Schlaubis ist die wiederholte Frage „Warum?" ein sehr gutes Mittel. Stellen Sie die Gegenfragen cool und sachlich.

Beispiel: Jeder weiß doch, dass es in diesem Jahr keinen Zusatzbonus gibt. – Warum ist das denn so?

Auch bei Verschieber-/Aufschieberitis-Phrasendreschern sind Gegenfragen die beste Variante, um diese in Bewegung zu bringen.

Beispiel: „Ich kann das leider nicht entscheiden." – „Was genau brauchen Sie von mir, um diesen Zusatzbonus bei der Personalabteilung durchzusetzen?"

## Bewusst machen

Sprechen Sie an, dass hier gerade eine Killerphrase gefallen ist und Sie nicht gedenken, darauf einzugehen. Sie setzen damit eine klare Grenze.

Beispiel: „Wie oft muss ich das denn jetzt noch sagen?" – „So lange, bis Ihnen eine konstruktivere Antwort als diese Killerphrase einfällt."

## Versachlichung

Geben Sie eine sachlich richtige Antwort in Form von kurzer (!) Zustimmung, Richtigstellung, Alternative.

Beispiel: „Du bist schuld." – „Okay, ich habe kein Problem mit Schuld, können wir dann mit dem Thema weitermachen?"

## Humor und ironische Versachlichung

Das ist für die meisten Menschen die erstrebenswerteste Variante: cool, lässig und superwitzig. Leider fällt uns das meistens nicht zum richtigen Zeitpunkt ein.

Hier eine typische Antwort, die Sie gern klauen dürfen.

Auf die Aussage „Frauen und Technik, das kann ja nichts werden" können Sie in Zukunft lässig antworten: „Ja nee, ist klar, deswegen heißt es auch **die** Logik und **der** Fehler."

**Versuch es doch mal damit**

Als IT-Trainerin war ich meist allein unter IT-Männern. Nach einem Kurs hob der Direktor meine Bewertung besonders hervor und empfahl den Kollegen, sich eine Scheibe bei mir abzuschneiden. Ein Kollege maulte: „Wirst schon wieder deinen kurzen Rock und deinen tiefen Ausschnitt ausgenutzt haben!" Strahlend antwortete ich: „Versuch es doch mal. Vielleicht klappt es bei dir auch." Ich hatte die Lacher auf meiner Seite und die Kollegen überlegten es sich zweimal, bevor sie in Zukunft etwas gegen oder über mich sagten.

## Bestätigung

Stimmen Sie kurz und knapp zu, dann läuft das Ganze ins Leere.

Beispiel: „Du bist ja so gemein." – „Stimmt."

## Gegenangriff

Vorsicht, wenn Sie wirklich einen Gegenangriff starten, sollten Sie das mögliche Echo vertragen. Greifen Sie nur an, wenn Sie sich absolut sicher fühlen und es idealerweise sehr lang trainiert haben.

Beispiel: „Du hast ja keine Ahnung." – „Auch in diesem Punkt bist du mir, wie immer, voraus."

## Blödsinnsantwort

Antworten Sie etwas, das überhaupt gar nichts mit dem Angriff zu tun hat. Sie führen damit die Killerphrase ad absurdum. Vorsicht: Ironie und Sarkasmus werden oft nicht verstanden. Es besteht die Gefahr, dass die „Killer" sich dann für dumm verkauft fühlen und aggressiv werden.

„Ach genau, der Himmel ist heute herrlich blau."

## Lächeln und innerlich winken

Strahlen Sie und sagen Sie gar nichts. Denken Sie wieder an die lächelnde und winkende Queen in Ihnen.

Vorsicht, das ist manchmal schwer auszuhalten. Wenn Sie das schaffen, funktioniert es wunderbar.

> **Übung, Übung, Übung**
>
> Nehmen Sie sich noch einmal jeden Killerphrasentyp vor und finden Sie mit jeder Antwortmöglichkeit eine passende Variante. Bei fünf Typen und acht Antwortmöglichkeiten müssten nach meinen Rechenkünsten mindestens 40 Antworten herauskommen, und das ist schon jede Menge Übung.

Das ist das Geheimnis der Schlagfertigkeit: üben, üben, üben. Sie haben ja im Kapitel „Domenik/Domenika spielen mit der Macht des Tangos" schon fleißig damit begonnen oder? Klar wird ein introvertierter Mensch immer anders antworten als ein extrovertierter und sich mancher Mensch leichter tun als ein anderer. Trotzdem ist Übung der wichtigste und erfolgversprechendste Faktor.

## Neid ist ein hartes Geschäft

Neid und Gier sind gar seltsames Getier. Oft genug ist Neid der Grund dafür, dass Menschen um sich schlagen. Beim Thema Geld steht der Neid noch viel schneller auf der Matte als bei anderen Themen. Aus dem Zusammenhang mit dem Glaubenssatz „Über Geld spricht man nicht" ist bestimmt auch der Paragraf in Arbeitsverträgen entstanden, dass Sie nicht über Ihr Gehalt sprechen dürfen. Für den Fall, dass Sie Neid als Gefühl kennen, habe ich Ihnen eine kleine Geschichte aufgeschrieben, wie der Neid zum Erfolgsfaktor wird.

### Neid + Selbst-Wert-Gefühl = Erfolgsantreiber

Fastenzeit 2015: Der Himmel strahlt in herrlich bayrischem Weiß-Blau, die Menschen treibt es aus den Häusern, sie genießen die Sonnenstrahlen, während sie shoppen, spazieren gehen, Kaffee trinken oder einfach nur auf den Bänken des Marktplatzes sitzen. Der Neid, von einem leichten Grünschleier umgeben, schleicht am Rand des Marktplatzes herum und sucht verzweifelt nach neuen Opfern. Das ist heute echt schwer, die Menschen sind glücklich und zufrieden und damit ganz und gar nicht für den Neid empfänglich. Blöd! Doch was sehen seine vom grünen Schleier vernebelten Augen? Vor dem Bäcker scheint ein Tumult zu entstehen, na, dann nix wie hin, das sieht doch sehr vielversprechend aus …

Vor dem Bäcker steht eine kleine Menschenmenge und starrt auf ein Plakat, das an der Ladentür hängt. Der Bürgermeister lädt auf diesem Plakat zu einer Infoveranstaltung ein, um mit den Bürgern über die Dinge, die in der neuen Wahlperiode anstehen, zu sprechen.

Die Menschen teilen sich in zwei Gruppen, die einen nicken wissend und klopfen sich auf die Schulter: „Unser Mann wird das schon wieder ganz locker nach Hause schaukeln, der weiß, was er tut, und zusätzlich gibt er 200 Menschen im Landkreis Arbeit. Da gehen wir hin, da sind wir dabei." Angewidert wendet sich der Neid dem anderen Teil der Gruppe zu.

Die maulen leise vor sich hin: „Der stößt sich jetzt schon acht Jahre an uns gesund und subventioniert sein Geschäft aus dem Stadtsäckel. Der macht nur das, was er gut findet, und denkt überhaupt nur an sich." Der Neid reibt sich fröhlich die Hände, sofort strömt eine grüne Wolke aus seinen Fingerspitzen und legt sich über diesen Teil der Gruppe.

Die Schreie werden lauter:

- Der kann doch gar nichts, der macht doch nur, was seine Frau ihm sagt.

- Der ist nur Bürgermeister, weil er mehr Kohle hatte für den letzten Wahlkampf als die anderen.

- Der treibt uns in den Ruin. Schau, wie er da schon hämisch grinst.

- Der tut doch gar nichts für uns.

Der Neid kichert vor sich hin und hüpft ein klein bisschen vor Freude, weil es mal wieder so gut funktioniert hat mit seiner neuen grünen Wolkentechnik.

Da kommt das Selbst-Wert-Gefühl um die Ecke und bleibt verwundert stehen: „Was ist denn hier los?", denkt es sich und schon wabert die ganze grüne Unzufriedenheitswolke auf es zu, es tritt instinktiv drei Schritte zurück. „Uiuiuiui, da ist der Neid am Werk, was kann ich da nur tun?", fragt es sich.

Dann hat es eine Idee und fängt an zu schmunzeln: „Ja, so könnte es gehen." Neben ihm steht eine hochgewachsene Frau, die den Kopf ein wenig gesenkt hält und sich so kleiner zu machen scheint. Das Selbst-Wert-Gefühl stellt sich hinter sie, zapft eine große Gießkanne aus seinen Rippen und kippt den strahlenden Selbst-Wert-Dampf über den Kopf der Frau. Die schüttelt sich und schaut verwundert nach oben, kann allerdings nicht sehen, woher dieses neue komisch ungewohnte Gefühl kommt. Es ist ein tolles Gefühl, sie reißt die Augen auf, richtet sich auf und sagt laut: „Stopp! So kommen wir doch nicht weiter." Irritiert drehen sich die Motzkugeln um. Ein bisschen erschrickt die Frau selbst vor ihrer klaren, deutlichen Stimme und bekommt fast Angst vor der eigenen Courage. Doch das warme Selbst-Wert-Gefühl in ihr dehnt sich aus und die nächsten Worte purzeln schneller aus ihrem Mund, als sie die Hand davor halten kann:

- „Motzen und Leiden hilft nix, lasst uns was tun."

- „Wie hat er das geschafft, dass er zweimal locker 70 % der Stimmen bekommen hat? Was können wir daraus lernen?"

- „Wen haben wir, den wir als guten Gegenkandidaten aufstellen können?"

- „Was können wir tun, damit wir aktiv mitreden können in unserer Stadt?"

Neid gepaart mit gutem Selbst-Wert-Gefühl kann beflügelnd sein.

Verwundert sehen die Menschen die Frau an und blicken förmlich zu ihr auf. Hoffnung glimmt in ihren vom grünen Dunst getrübten Augen und sie sehen die ganze Sache auf einmal aus einem völlig neuen Blickwinkel.

Voll der neuen Energie setzen sie sich zusammen und schmieden Pläne für die Gegenkandidatur bei der nächsten Bürgermeisterwahl. Die Frau wird einstimmig zur Kandidatin bestimmt und jeder wirft begeistert Ideen und Geld in den Wahlkampftopf. Eine Idee setzen sie sofort um: Sie fordern den Bürgermeister zum Duell und organisieren eine große Veranstaltung dazu, dass die Bürger sich selbst ein Bild von beiden Kandidaten machen und danach nach bestem Wissen und Gewissen entscheiden können.

Ob die Frau Bürgermeisterin geworden ist, weiß ich nicht. Was ich genau weiß, ist, dass ohne die Selbst-Wert-Dusche der Motzpegel, die Karnickelstarre und damit die Unzufriedenheit mit der Gesamtsituation systematisch gestiegen und vermutlich sogar eskaliert wären. So kamen die Menschen ins Handeln und nahmen aktiv Anteil und Einfluss auf die Situation und ihre Umgebung. Um es mit Bertolt Brecht zu sagen: „Wer kämpft, kann verlieren. Wer nicht kämpft, hat schon verloren."

Die Moral von der Geschicht': Neid ist okay mit gutem Selbst-Wert-Gefühl, mit schlechtem blockiert er alles und hilft ganz sicher nicht!

## Sachdienlicher Hinweis zum Umgang mit Neid

Wenn Sie der Neid mal wieder mit seinem grünen Dunst vernebelt, helfen Ihnen folgende fünf Schritte:

1. Einatmen – ausatmen, das hilft, zur Ruhe zu kommen.

2. Schauen Sie genau hin, wie und wo er Sie erwischt und was in Ihnen vorgeht.

3. Nehmen Sie das Gefühl als Ansporn. Fragen Sie sich: Wie hat der- oder diejenige, die den Neid in Ihnen auslöst, das geschafft?

4. Fragen Sie sich, was Sie davon lernen und/oder übernehmen können.

5. Werden Sie sich klar, was dabei wirklich Ihr Ziel ist.

Dann nichts wie hin zum Ziel. Mit dem richtig genutzten Neid als Antreiber im Gepäck wird das ein voller Erfolg.

Wenn Sie der Neid oder irgendein anderer Antreiber dazu bringt selber zum Killerphrasen-Drescher zu werden, dann ziehen Sie Ihr Selbst-Wert-Gefühl zu Rate. Machen Sie sich bewusst, was der Auslöser ist und was Sie gerade brauchen. Schauen Sie, warum Sie gerade um sich schlagen oder treten. Entschuldigen Sie sich unbedingt, falls Sie schon jemanden getreten haben. Möglicherweise kann es helfen, wenn Sie dem Getretenen je nach Typ erklären, was gerade Ihr Auslöser war und vor allem, dass es nichts mit Ihrem Verhandlungstanzpartner zu tun hat.

## Blasenpflaster, Marmeladenglas und Entschuldigung

### Selbstschutz

Beim Tanzen verpflastern Turniertänzer sich die Zehen vor dem Turnier, um keine Blasen zu bekommen, und nachher, weil die Blasen bluten. Ich hatte mal auf einem Turnier eine fiese Blutblase und habe diese mit Watte und Tape verklebt. Das Tape ging eine Verbindung mit meinem Tanzschuh ein und ich musste mit dem Ausziehen warten, bis wir von Stuttgart nach Hause gefahren waren und ich den Schuh in der Badewanne langsam mit warmem Wasser aufweichen konnte. Ich hatte mindestens zwei Wochen etwas von diesem Sieg – einen blutigen, dicken und sehr schmerzenden Zeh. Na, zumindest haben wir gewonnen. Mir haben die ganzen Pflaster in diesem Fall zum Sieg verholfen. Ich hätte ohne nicht tanzen können. Schmerzhaft war es trotzdem.

Wie ist das beim Verhandlungstango? Beugen Sie mit einem „Blasenpflaster" vor? Sie sind gerade besonders dünnhäutig? Sie wollen den Job unbedingt? Sie sind sich Ihres Werts nicht sicher? Dann ist es höchste Zeit, noch einmal das Kapitel „Tief durchatmen" intensiv durchzuarbeiten. Schützen Sie sich!

### Marmeladenglasmoment

Schützen Sie sich mit einem Marmeladenglas. Und zwar in dem Moment, in dem Sie getreten werden. Klingt komisch? Sehen Sie in folgendem Beispiel, wie es funktioniert:

### Leon, 25, externer Berater und sein Marmeladenglasmoment

Leon kam zu mir, weil sein Kunde ihn unschön behandelte und er lernen wollte, sich elegant und witzig dagegen zu wehren. Er fühlte sich bei diesen, in seinen Augen sehr ungerechtfertigten Angriffen immer sehr klein.

Ich fragte ihn nach einem Moment, in dem er sich richtig supergut gefühlt hatte. Er grinste breit und erzählte mir eine Situation aus seinem Studium, die er zu seinem eigenen Erstaunen sehr schlagfertig gemeistert und damit auch noch zwei seiner Kommilitonen mitgerettet hatte. Ich empfahl ihm, dieses Gefühl, das ja jetzt noch sehr nach wirkte, virtuell in ein Marmeladenglas zu schrauben. Zukünftig solle er vor oder in Situationen, die brenzlig werden könnten, einen tiefen Atemzug aus dem „Gutes-Gefühl-Marmeladenglas" nehmen.

Wir gingen dann einige Situationen, die er mitgebracht hatte, durch, überlegten gemeinsam schlagfertige Antworten und übten diese mehrere Stunden. Dabei machten wir Videoaufnahmen, damit Leon seine eigene Körpersprache sehen konnte. Er war danach selbst erstaunt, dass er nur durch meinen Einwurf „Marmeladenglas" körpersprachetechnisch um 5 bis 10 cm größer wirkte und auch seine Worte viel sicherer klangen. Er fühlte sich gewappnet und freute sich schon fast – also aus Versehen – auf den nächsten Konflikt mit seinem Kunden.

Eine Woche später vertrat Leon mal wieder seinen Chef und war um sieben Uhr im Büro bei seinem Kunden, dem Projektleiter eines großen Automobilkonzerns. Herr Meier, der Projektleiter, ist studierter Mathematiker und eine Mischung aus Domenik und Max. Für ihn muss alles mess- und nachweisbar sein und er steht auf Organigramme sowie detaillierte Statusberichte. Er findet jedes Haar in der Suppe respektive jegliche Inkonsistenz. Er hört selten wirklich gut zu und zeichnet sich dadurch aus, dass er alles besser weiß. Besonders gerne stellt er Fragen, die im Satz zuvor geklärt wurden. Zugleich sucht und findet er sofort einen Schuldigen, wenn etwas unrund läuft. Zu diesem Zweck hatte er auch schon mehrmals versucht, Leon und seinen Chef gegeneinander auszuspielen, also in Abwesenheit des anderen über seine Fehler herzuziehen.

An diesem Morgen stürzte er auf Leon zu und beschuldigte ihn, den Gesamtprojektstatus unerlaubt überschrieben zu haben: „Sie waren das!" Leon zuckte zurück, ärgerte sich sehr, dass er wieder mal den Bock, den sein Chef vermeintlich abgeschossen hatte, ausbaden sollte. Er hatte schon lang keine Lust mehr, sich herumkommandieren zu lassen. Er holte tief Luft, nahm einen großen Zug aus dem Marmeladenglas, stand auf, straffte sich und sagte: „Herr Meier, ich bitte um Präzisierung dieser gewagten These." Als er den erstaunten Gesichtsausdruck seines Gegenübers sah, fühlte er sich gleich wieder besser. Herr Meier stutzte und war leicht aus dem Konzept gebracht. Leon gegenüber verhielt er sich nach dieser Geschichte viel respektvoller und verkniff sich weitere haltlose Anschuldigungen.

### Ihr persönliches Marmeladenglas

- Suchen Sie in Ihrem bisherigen Leben nach mindestens drei wunderbaren Momenten.

- Malen Sie sich diese Momente in Ihrer Erinnerung besonders bunt aus.

- Schreiben Sie auf, wenn es Ihnen dann leichter fällt, darauf zurückzugreifen.

- Schrauben Sie das tatsächlich Aufgeschriebene zusammen mit Ihrem tollen Gefühl in ein Marmeladenglas und tragen Sie es – im Zweifel zumindest virtuell – immer mit sich.

- Nehmen Sie bei Bedarf eine Nase voll.

- Speichern Sie neue wunderbare Momente und Gefühle in Ihrem Marmeladenglas.

## Ich hab recht und du bist schuld! – Entschuldigung

Sie erinnern sich? Meine Tanzlehrerin hat gesagt: „Der Herr ist schuld." Mein Trainer meinte: „Wer oben steht, hat recht." Meine Erkenntnis zu dem Thema: Es tut meistens gar nichts zur Sache, wer schuld ist oder recht hat. Vor allem beim Verhandlungstango wollen Sie sich bei Konflikten bestimmt viel eher ans Lösungsufer begeben, als noch ein paar Runden im Problemsee schwimmen, oder?

Was bedeutet das genau? Schuldige-Suchen und Recht-haben-Wollen verhärtet die Fronten und hilft ganz selten weiter. Normalerweise passieren Tritte ja eher unabsichtlich. Wenn es Ihnen passiert, ist es wichtig, dass Sie es bemerken und sich entschuldigen. Manchmal, wenn einer meiner Klienten komisch reagiert und ich mir das nicht erklären kann, frage ich sogar: „Oh, Entschuldigung, womit habe ich Sie denn jetzt so getreten?" Das nimmt oft Spannung und derjenige kann es mir sagen. Meistens habe ich dann irgendetwas gesagt, das ihn getroffen hat und von dem ich gar nichts wissen konnte. Spannenderweise bringt das oft den Durchbruch in einer gerade etwas haarigen Situation.

Wenn Sie unabsichtlich getreten wurden, ist das meist in völliger Unkenntnis geschehen. Wenn Ihr Gegenüber nachfragt und sich entschuldigt, dann schätzen Sie diesen Zug und nehmen Sie die Entschuldigung an. Verzeihen hilft demjenigen, der verzeiht, viel mehr als dem, dem es zu verzeihen gilt. Entscheiden Sie, ob Sie Ihrem Verhandlungstanzpartner erzählen wollen, was Sie genau getroffen hat. Oder bitten Sie ihn um Verständnis, dass Sie darüber nicht reden wollen. Stellen Sie klar, was Sie brauchen, um weiter miteinander zu tanzen.

Die absichtliche Variante ist glücklicherweise wirklich selten. Bevor Sie selbst absichtlich treten, überlegen Sie gut, ob es das wert ist. Am Ende verletzen Sie sich selbst. Treffen Sie dabei auf ein Trotzkind wie mich, dann geht das für Sie nicht gut aus.

Mir hat tatsächlich eine Konkurrentin mal in der Endrunde im ersten Tanz mit Ihrem Pfennig-Absatz ein Loch in die Wade gestanzt. Diesen Tanz musste ich abbrechen und mich verpflastern lassen. Anschließend habe ich besser getanzt als je zuvor und wir haben gewonnen. Immerhin war sie anschließend so fair, uns zu gratulieren.

Also Vorsicht vor Trotzkindern: Bei mir erkennen Sie das sofort am Gesichtsausdruck, bei anderen vermutlich auch. Falls Sie so wütend sind, dass Sie einen sehr großen Tretimpuls haben, schlafen Sie eine Nacht drüber und überlegen Sie dann am besten mit jemand Neutralem, was Sie wirklich tun.

Was tun, wenn Sie ein absichtlicher Tritt getroffen hat? Schnaufen Sie erst einmal tief durch – hilft natürlich auch beim versehentlichen – und lecken Sie Ihre Wunden. Versuchen Sie dann herauszufinden, was der Grund war. Mit diesem Wissen können Sie dann entscheiden, wie Sie mit dem Treter umgehen – jetzt und zukünftig!

## Partnercheck V: Wer tritt wie und wer reagiert wie darauf?

Betrachten wir die Treterei im Zusammenhang mit unseren Verhandlungspartnern:

Max und Maxima sehen hauptsächlich die Sache und bemerken die meisten Tritte gar nicht. Wenn allerdings die Fakten nicht stimmen, sie also angeschwindelt werden, ist das schlimmer als jeder Tritt und sie verweigern jegliche Fortführung der Verhandlung. Bleiben Sie unbedingt ehrlich in allen Punkten.

Domenik und Domenika treten lieber selbst, bevor sie getreten werden. Sie wissen schon, Angriff ist die beste Verteidigung. Also Vorsicht: Behalten Sie die Führung, passen Sie auf sich auf und weichen Sie elegant und wendig wie ein Torero im Paso Doble aus.

Dem Strahlen von Star und Stella schadet ein kleiner Tritt nicht wirklich. Außer er kratzt am Ansehen. Das ist unverzeihlich. Da hilft nur eine aufwendige Wiedergutmachung. Lassen Sie immer genügend Abstand und Platz zum Strahlen.

Traugott und Traudel treten Sie am besten gar nicht. Die nehmen jeden Tritt persönlich und verzeihen nur, wenn die Entschuldigung wirklich von Herzen kommt.

Bei allen Mischungen der verschiedenen Verhandlungspartner brauchen Sie wie beim Tanzen Zeit und Platz, um sich aufeinander einzustellen und einen gemeinsamen Nenner zu finden. Trauen Sie sich ruhig – es sieht schlimmer aus, als es ist. Beobachten Sie Ihr Gegenüber, fragen Sie bei Irritationen, stehen Sie dazu, wenn Sie aus Versehen getreten haben und entschuldigen Sie sich ehrlich dafür.

In der folgenden Tabelle – Sie links, Ihr Gegenüber oben, finden Sie Aktionsmöglichkeiten, wenn Sie getreten haben und Reaktionsmöglichkeiten, wenn Sie getreten wurden:

| Partner / Sie selbst | Max/Maxima | Domenik/Domenika | Star/Stella | Traugott/Traudel |
|---|---|---|---|---|
| Max/Maxima | Aktion: fachlich richtigstellen — Reaktion: fachlich darauf hinweisen und klarstellen | Aktion: klarstellen, dass Sie die Sache gemeint haben — Reaktion: standhalten und dagegen argumentieren | Aktion: sich entschuldigen, besser formulieren — Reaktion: auf die Sache zurückführen | Aktion: sich ehrlich entschuldigen, Bedarf klären — Reaktion: aussprechen und direkt darauf hinweisen |
| Domenik/Domenika | Aktion: sich entschuldigen, die Sachebene wiederherstellen — Reaktion: auf der Sachebene ansprechen | Aktion: zurück auf die Sachebene — Reaktion: ansprechen und klare Grenze setzen | Aktion: sich entschuldigen, Bühne freimachen — Reaktion: auf der sachlichen Ebene hinweisen | Aktion: sich entschuldigen, zurückrudern — Reaktion: vorsichtig ansprechen statt „donnern" |
| Star/Stella | Aktion: wahrnehmen, auf die Sachebene zurück — Reaktion: die Sache sehen, statt persönlich nehmen | Aktion: Gegenwind aushalten, sich entschuldigen — Reaktion: beobachten und ansprechen | Aktion: sich entschuldigen und strahlen lassen — Reaktion: nicht persönlich nehmen, weiterstrahlen | Aktion: sich ehrlich entschuldigen, Vergebung abwarten — Reaktion: ansprechen, Entschuldigung annehmen |
| Traugott/Traudel | Aktion: den Sachbezug herstellen — Reaktion: ansprechen, Entschuldigung annehmen | Aktion: Haltung bewahren und sich entschuldigen — Reaktion: Entschuldigung fordern, sonst Gespräch abbrechen | Aktion: Scheinwerferlicht freigeben — Reaktion: ansprechen und Entschuldigung fordern | Aktion = Reaktion: ansprechen, sich ehrlich entschuldigen, wiedergutmachen /Wiedergutmachung anbieten |

205

## Exkurs: Interview mit Sabine B. Sturm, Mediatorin und Expertin für Konfliktmanagement

Sabine B. Sturm sieht das Thema „Treten und Getretenwerden" aus einer ganz anderen Perspektive: Sie findet es äußerst spannend und wichtig. Ihre Ansicht: Wer nicht getreten wird, kommt auch im Leben nicht vorwärts, d. h. entwickelt sich als Persönlichkeit nicht weiter. Als Mediatorin und Konfliktberaterin unterstützt sie – hauptsächlich durch gezieltes Fragen – Führungskräfte und Mitarbeiter, selbst Ihre eigenen Lösungen zu entwickeln, und ist damit die Expertin für Konflikttango zwischen den Verhandlungstanzpartnern. Außerdem war sie selbst jahrelang Turniertänzerin und ist so dem Verhandlungstango besonders zugetan.

**C. K.:** Du sagst: Wer nicht getreten wird, kommt nicht vorwärts. Was meinst du genau damit?

**S. B. S.:** Nur wer getreten wird, kommt heraus aus seiner Komfortzone. Das bedeutet, er wird gezwungen, sich selbst anzuschauen und vielleicht festzustellen, dass in seinem Leben etwas nicht passt. Das kann zu neuen Verhaltensweisen führen.

**C. K.:** Kann es sein, dass ich mit dieser neuen Verhaltensweise eine gewisse Entscheidungsfreiheit in Konflikten gewinne?

**S. B. S.:** Das hängt davon ab, wie ich mit dem Tritt umgehe. Wenn ich entsprechend meinem eigenen Tanzmuster spontan verärgert reagiere, gewinne ich wahrscheinlich nichts. Gelingt es mir jedoch, tief durchzuatmen, einen Schritt zur Seite zu treten und die Situation in Ruhe zu betrachten, kann ich mich auf meinen Verhandlungstanzpartner einstellen und lernen, wie ich weitere Fußtritte vermeide und den Tanz nach meinen Vorstellungen gestalte.

**C. K.:** Habe ich dich richtig verstanden, dass es wichtiger ist, mich selbst dabei zu betrachten als den Verhandlungstanzpartner?

**S. B. S.:** Ganz genau. Ich muss als erfolgreicher Konflikttänzer unbedingt auf meine eigenen Tanzmuster achten, um mir nicht selbst auf die Füße zu treten. Um nicht wie gewohnt, instinktiv zu reagieren oder sogar überzureagieren, hilft es, erst einmal tatsächlich ruhig zu atmen. Und zwar am besten mindestens fünfmal ein und aus. Dabei spüre ich, welche Emotionen der Fußtritt in mir hochkommen lässt. Dabei ist ganz entscheidend, diese Gefühle tatsächlich anzuschauen und nicht zur Seite zu schieben. Je nach Verhandlungstanzpartner kann es sogar günstig sein, diese Empfindungen in Worte zu fassen,

z. B. bei Domenik und Domenika aufzustehen und laut zu sagen: „Ich bin sehr wütend!"

**C. K.:** Das hört sich so an, als ob das nicht bei allen Verhandlungstanzpartnern angeraten wäre.

**S. B. S.:** Das stimmt und ist sehr wichtig! Am allerwichtigsten ist es, sich nach dem Bewusstwerden der eigenen Gefühle wieder dem Verhandlungstanzpartner zuzuwenden, denn die Musik spielt weiter, sprich, die Verhandlung wird fortgesetzt.

**C. K.:** Wie wir ja vom Tanzen wissen, treten manche Menschen mit voller Absicht und andere aus Versehen, weil sie ungeschickt sind oder bestimmte Hintergründe nicht wissen.

**S. B. S.:** Diese Unterscheidung ist tatsächlich sehr bedeutsam für meinen eigenen nächsten Tanzschritt. Um bei Domenik und Domenika zu bleiben: Es kann gut sein, dass ich absichtlich getreten wurde. Wenn ich beim Blick auf meinen Tanzpartner feststelle, dass das so war, muss eine klare, deutliche, energiegeladene Antwort erfolgen. Max und Maxima haben mich wahrscheinlich ganz nebenbei getreten, weil in meiner Argumentation wichtige Fakten gefehlt haben. Hier gilt es, den eigenen Fehler auszubügeln und den Tritt keinesfalls übel oder gar persönlich zu nehmen. Star und Stella treten mich höchstwahrscheinlich nur dann gezielt, wenn ich ihnen die Show stehle. Hier heißt es, die Bühne freizugeben und erst mal einen großen Schritt zurück zu machen.

**C. K.:** Wie ist das jetzt mit Traugott und Traudel? Die weinen gerne mal, wenn sie treten genauso wie wenn sie getreten werden und nehmen vieles persönlich.

**S. B. S.:** Das Gefährliche bei Traugott und Traudel ist, dass sie leicht alles persönlich nehmen. Deshalb ist es sehr wichtig, sie zu trösten – das meine ich ernst –, wenn sie einen aus Versehen getreten haben. Wenn sie allerdings so weit gehen, dass sie absichtlich zutreten, empfehle ich rasche Flucht. Die Verhandlung ist dann sowieso gescheitert.

**C. K.:** Das waren ja schon jede Menge Tipps für den Fall, dass ich getreten wurde. Was mache ich denn, wenn ich selbst aus Versehen oder absichtlich getreten habe?

**S. B. S.:** Wenn ich aus Versehen getreten habe, ist es bei allen Verhandlungstanzpartnern wichtig, das auch zuzugeben, d. h. mich für meinen Fehler zu entschuldigen. Das „Wie" der Entschuldigung ist allerdings von Typ zu Typ ganz verschieden: Bei Max und Maxima den fachlichen Fehler ausbessern oder die Information nachliefern. Bei Domenik und Domenika darf ich mich auf keinen Fall unterwürfig entschuldigen, sonst bin ich kein Verhandlungstanzpartner auf Augenhöhe mehr. Bei Star und Stella ist es wichtig, dass in der Entschuldigung auch die damit verbundenen Gefühle klar und deutlich zum Ausdruck kommen. Man darf auch ein bisschen übertreiben.

**C. K.:** Das ist dann quasi der einseitige Diademgriff, oder? Hilft er bei Traugott und Traudel auch?

**S. B. S.:** Traugott und Traudel müssen unbedingt spüren, dass ich die Entschuldigung ernst meine, und zwar zutiefst. Jede aufgesetzte Vorgehensweise würde kontraproduktiv wirken.

**C. K.:** Vielen Dank, liebe Sabine.

*Sabine B. Sturm*
*www.sturmberatung.de*

# Die Musik verklingt – respektvoller Schluss-applaus

Und Tschüss! Etwas abrupt endet mancher Verhandlungstango – egal, ob erfolgreich oder verpatzt. Dabei wird vergessen, dass wir uns im Leben mindestens zweimal – ich behaupte, es sind 27-mal – begegnen. Es wäre doch nett, wenn wir uns dabei in die Augen schauen könnten. Okay, falls Sie auf gar keinen Fall eine Wiederholung anstreben oder jemals von Ihrem Gegenüber empfohlen werden wollen, kann Ihnen das egal sein. Wenn nicht, überlegen Sie doch mal, wie Sie selbst verabschiedet werden wollen. Beachten Sie dabei, dass Ihr Gegenüber vielleicht etwas anderes will. Bleiben Sie sich in jedem Fall treu!

„Respektvoller Schlussapplaus" – was hat das bei Ihnen ausgelöst? Was haben Sie gedacht? Es stecken vier Wörter darin: **Respekt – voll – Schluss – Applaus**

Schauen wir uns die Einzelbedeutungen an. „Respekt" habe ich gegoogelt, da gab es ganz schön viele Ergebnisse und noch mehr Meinungen. Was bedeutet Respekt für Sie? Für mich hat Respekt etwas mit Achtung zu tun, aber nicht mit Aufschauen. Das wäre Bewunderung. Ich habe Respekt vor Leistung, vor Wissen und vor Menschen, die zu sich stehen. Kein bisschen Respekt habe ich vor Dampfplauderern, Besserwissern, Angebern, Diktatoren, Narzissten und ähnlichen Zeitgenossen. Respekt bedeutet für mich nicht unbedingt, dass ich einen Menschen mögen muss oder seine Meinung teile, aber beides achte und seine Meinung vielleicht sogar akzeptieren kann. Entscheiden Sie, welchen Respekt Sie im Verhandlungstango erwarten und welchen Sie zollen wollen – gerade am Ende einer Verhandlung.

„Voll" kann in „voll daneben" auftauchen. Wenn der Verhandlungstango, der Verhandlungstanzpartner, das Unternehmen oder auch Sie voll daneben sind, sollten Sie es einfach lassen. Falls Ihr Bauch da grummelt, hat er vermutlich einen guten Grund. Hören Sie auf ihn. „Voll" taucht wahrscheinlich viel öfter auf in: volle Kanne, voller Elan, volle Kraft voraus, volles Potenzial, voller Einsatz, voll dabei. Sie haben sich voll angestrengt, voll gut vorbereitet und voll gut dargestellt. Dann können Sie auch ein volles Gehalt zwischen Ihrem Okay- und Idealwert bekommen. Das sind Sie voll wert! Das haben Sie voll verdient!

Bei „Schluss" denke ich sofort an „Grenzen setzen": Schluss mit lustig – Jetzt ist aber Schluss – Ende, Gelände – aus die Maus. Das ist ein wichtiger Punkt. Es kann gut sein, dass Ihnen am Ende eines Gesprächs Dinge versprochen werden oder Sie unter Zeitdruck gesetzt werden, damit Sie schnell unterschreiben. Lassen Sie sich auf gar keinen Fall unter Druck setzen, schlafen Sie immer mindestens eine Nacht darüber und hören Sie auf Ihren Bauch, wenn er zwei Nächte darüber schlafen will. Sagen Sie auch „Schluss", wenn Ihnen etwas komisch vorkommt oder Ihr Minimalziel unterschritten ist. Stehen Sie zu sich und Ihren Zielen.

Applaus – tosend, aufbrandend, jubelnd. Das haben Sie sich so oder so verdient. Egal, was passiert ist und wie gut oder schlecht Sie sich geschlagen haben. Der Applaus ist Ihnen sicher und steht Ihnen voll und ganz zu. Klopfen Sie sich selbst anerkennend auf die Schulter und belohnen Sie sich!

## Mit Ihnen immer wieder gerne!

Beim Tanzen weiß ich am Ende eines Tanzes ganz genau, ob ich gerne wieder mit demjenigen tanzen will oder auch nicht. Es hängt viel daran, ob er führen kann und mit mir gemeinsam tanzt, ob ich ihn riechen kann oder es sich gut anfühlt, und vor allem, ob es Spaß gemacht hat. Ich tanze lieber einen ganzen Tanz nur drei bis fünf Figuren im Takt und mit Leben gefüllt, als 37 Figuren ohne Gefühl abzutanzen. Meist spüre ich auch, ob mein Gegenüber wieder mit mir tanzen will. Wenn wir beide das wieder wollen, umso besser.

Und beim Verhandlungstango? Wie bringen Sie Ihr Gegenüber dazu, dass es gerne wieder mit Ihnen verhandelt? Wenn beide mit gutem Ergebnis und gutem Gefühl aus der Verhandlung gehen, dann stehen die Chancen gut für Sie als Verhandlungspaar. Leider können sowohl das Ergebnis als auch das Gefühl bei unterschiedlichen Partnern ganz anders sein:

- Max/Maxima sehen das Ergebnis sehr sachlich und haben bei einem guten Ergebnis automatisch ein gutes Gefühl.

- Domenik/Domenika brauchen neben einem guten Ergebnis – das für sie sowieso selbstverständlich ist – einen Sieg für das gute Gefühl.

- Star/Stella brauchen tosenden Applaus fürs gute Gefühl, dann ist das Ergebnis zweitrangig.

- Traugott/Traudel haben nur mit einem gemeinschaftlich guten Ergebnis ein gutes Gefühl.

Dann werden alle Verhandlungstanzpartner sagen: „Mit Ihnen immer wieder gerne!!

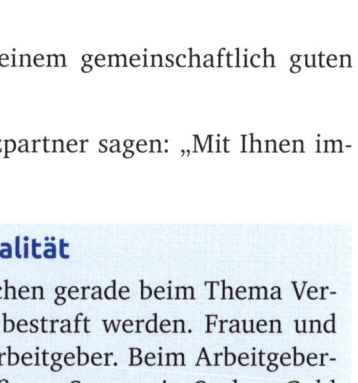

## Verhandlungstango versus Loyalität

Ich höre immer wieder, dass Menschen gerade beim Thema Verhandlungstango für ihre Loyalität bestraft werden. Frauen und Techniker wechseln seltener den Arbeitgeber. Beim Arbeitgeberwechsel ist normalerweise ein größerer Sprung in Sachen Geld möglich. Genau für diese Loyalität werden sie dann mit kleineren Gehaltshoppsern abgespeist. Schon wieder gibt es auch da zwei Seiten: Eine, die gibt, und eine, die fordert. Wer nichts fordert, wird nichts bekommen.

- Fordern Sie hartnäckig auch und gerade, wenn Sie schon lange im Unternehmen sind.

- Überlegen Sie sich, ob Sie in der Konsequenz bereit sind zu gehen.

- Verschicken Sie Marktcheck-Bewerbungen.

- Sprechen Sie Klartext mit Ihrem Chef oder Ihrer Chefin.

## Elegant von der Tanzfläche – Abschied auf Augenhöhe

Gehen Sie im Kopf Ihre letzten Verhandlungstangos durch und schreiben Sie auf, ob Sie auf Augenhöhe waren. Hatte Ihr Verhandlungstanzpartner während der Verhandlung Oberwasser oder Sie? Hat es ständig hin und hergeschwankt? Tatsächlich ist das während des Gesprächs mehr oder weniger egal, wenn es schwankt, solange Sie sich gut fühlen. Am Ende sollte die Augenhöhe jedoch spätestens wiederhergestellt sein. Schreiben Sie sich jetzt auf, wie Sie in den gefundenen Situationen den Verhandlungstango auf Augenhöhe beendet haben. Oder, wenn es nicht so war, wie Sie es hätten besser machen können.

### Lea, 27, promovierte Mathematikerin als Softwareentwicklerin

Lea, Teilnehmerin eines Workshops und promovierte Mathematikerin hatte praktischerweise während des Workshops ein Bewerbungsgespräch für eine Stelle als Softwareentwicklerin. Sie wollte dafür 42.000 € und im Workshop habe ich sie mithilfe der anderen Teilnehmerinnen auf 58.000 € hoch gehandelt. Es dauerte gute 30-Mal laut Aussprechen, bis ihr diese Zahl locker-flockig über die Lippen kam. Dann ging es und sie ging zuversichtlich zu diesem Termin.

Am nächsten Morgen waren alle gespannt auf ihren Bericht. Sie hatte deutlich sichtbar ein weinendes und ein lachendes Auge. Lea erzählte, dass das Gespräch gut gelaufen sei. Die Stelle sei interessant und die Aufgaben genau ihre Kragenweite. Doch dann sei es auf das Thema Geld gekommen und bevor sie ihre Forderung formulieren konnte, machte ihr der Personaler ein Angebot von 28.000 €. Sie war geschockt. Ihren Augen sah ich an, dass noch eine Pointe kommen musste. Sie grinste und ließ uns ein bisschen schmoren. „Ich war so sauer, dass ich überlegt habe, wie du reagiert hättest!" sagte sie. „Und?" fragte ich. „Ich habe in aller Ruhe meine Tasche gepackt und bin aufgestanden. Der Personaler schaute mich irritiert und abwartend an. Dann habe ich gelächelt und gesagt: ‚Oh, ich wusste nicht, dass es hier um einen Halbtagsjob geht. Dann ist Ihr Angebot für mich nicht interessant.' Dann habe ich ihm die Hand gegeben, meine Tasche genommen und bin lächelnd entschwebt."

Wow, habe ich mir gedacht. Hut ab! Lea hatte die Augenhöhe so was von wiederhergestellt nach diesem wirklich unverschämten Angebot. Eine supercoole Reaktion. Ich fragte sie, wie es ihr jetzt ginge. „Gut!" sagte sie. „Wenn ich das Angebot angenommen hätte, hätte ich mir im Spiegel nicht mehr in die Augen schauen können. Das Beste war wirklich das Gesicht des Personalers, der hatte so was garantiert noch nicht erlebt."

Sie war zufrieden mit sich und freute sich jetzt sogar auf die anderen Gespräche, von denen sie zum Glück schon zwei terminiert hatte. Und wissen Sie was? Jetzt, drei Jahre später, arbeitet sie in diesem Unternehmen, und zwar für 56.000 €. Sie hatte dort einen bleibenden Eindruck hinterlassen und der Personaler war nach einem Jahr von selbst erneut auf sie zugekommen.

Die schwierigste Aufgabe an der Augenhöhe ist, dass Sie es schaffen, sich nicht von Ihrer momentanen Gefühlslage beeinflussen lassen. Es kann sein, dass Sie gerade völlig high sind, weil es super gelaufen ist und Sie Ihren Verhandlungstanzpartner schon während des Tangos mit Ihrer Schlagfertigkeit beeindruckt und außerdem Ihr Idealziel erreicht haben. Genauso gut kann es sein, dass Sie sehr geknickt sind, weil Ihr Gegenüber Ihre Leistungen überhaupt nicht würdigt und Sie auch noch blöd von der Seite angeredet hat. Meistens liegt die erlebte Wahrheit irgendwo dazwischen.

Räumen Sie in Ihren Gefühlen auf, wenn es auf das Ende des Verhandlungstangos zugeht.

### Gefühls-Check zum Ende des Verhandlungstangos

- Wie geht es mir?

- Wo liege ich gerade in Sachen Augenhöhe?

  – Gleich auf?

  – Darüber?

  – Darunter?

- Was brauche ich, damit ich das Gespräch auf Augenhöhe beenden kann?

- Wie komme oder bleibe ich auf Augenhöhe?

- Was könnte ein guter Schlusssatz sein?

Sie glauben nicht, was ich beim Tanzen schon alles für Abgänge erlebt habe: Einfach wortlos stehen lassen, böse Blicke zum Abschied oder sogar Beschimpfungen. Im besten Fall führt der Herr die Dame lächelnd und mit einer ehrenvollen Verbeugung unter dem Applaus der Umstehenden an den Platz zurück. Danach ist eine Neuauflage jederzeit und an jedem Ort möglich. Sie können sich beide völlig frei dafür oder dagegen entscheiden. Genießen Sie Ihren Applaus!

## Partnercheck VI: Eleganter Partner-Abschied mit „Auf Wiedersehen"

Die letzte Tabelle zum Partnercheck in unserem gemeinsamen Verhandlungstango steht an: Sie finden sich selbst wie immer links. Ich habe Ihnen pro Abschied auf den Punkt gebracht, was wichtig ist, wenn Sie sich von Ihren Verhandlungstanzpartnern verabschieden.

| Partner / Sie selbst | Max/Maxima | Domenik/Domenika | Star/Stella | Traugott/Traudel |
|---|---|---|---|---|
| Max/Maxima | Geht von allein: Sache fertig, Ergebnis sachlich okay, Gespräch zu Ende, alles gut | Ergebnis gut, auf Hintertürchen prüfen, extrem auf Augenhöhe achten | Ergebnis gut, Standing Ovations; Zugabe, Zugabe! | Achtung: persönliches positives Nachspiel nicht vergessen vor lauter Sachergebnis |
| Domenik/Domenika | Sache fertig, stehen lassen, Nachtarocken sparen | Ergebnis schriftlich festhalten, Vorsicht: Rücken schützen | Ergebnis festhalten, gemeinsam darauf anstoßen | Beziehung würdigen, gemeinsamen Anteil hervorheben |
| Star/Stella | Sachlich bleiben, Ergebnis sachlich zusammen fassen, erst draußen strahlen | Auf Ergebnis bestehen, Rücken durchdrücken, Ausblick auf gemeinsame Erfolge | After Show Party, überschwänglich bedanken und damit strahlen lassen; Zugabe! | Gemeinsames Ergebnis zusammenfassen, Beziehungsversprechen geben |
| Traugott/Traudel | Sachergebnis wiederholen, Beziehungswunsch ruhen lassen | Lächelnde Brustwarzen, Ergebnis wiederholen und festhalten | Drei Vorhänge gönnen, Ergebnis schriftlich festhalten oder nachreichen | Gemeinsam anstoßen, Beziehungsversprechen feierlich erneuern |

# Nach dem Tango ist vor dem Tango

Och Mennooooo, höre ich Sie förmlich maulen. Immer noch nicht Schluss? Was kommt denn jetzt noch? Ja, es kommt noch was. Wir nutzen jetzt gemeinsam Ihre inneren Verhandlungstanzpartner für die Nachbereitung, damit Sie dem nächsten Verhandlungstango freudig gespannt entgegensehen können. Das ist es doch wert, noch eine vorletzte Runde auf dem Parkett zu drehen, oder? Nach einem Tanzturnier plane ich auch gleich den nächsten Trainingstermin. Oder ich verabrede mich für die nächste Tanzparty eine Woche später – selbe Zeit, selber Ort –, wenn ich einen wunderbaren Tanz-Flow auf Wolke Sieben gehabt habe.

## Ihre innere Vier-Tanzpartner-Mischa-Mascha-Strategie

Also auf in die letzte Runde, diesmal mit Ihrer persönlichen inneren Vier-Tanzpartner-Mischa-Mascha-Energie. Sie haben ja gelernt, dass Sie alle vier in sich haben. Am besten für den Verhandlungstango sind Sie gerüstet, wenn Sie den jeweiligen Tanzpartner in die Verhandlung mitnehmen, der mit dem entsprechenden Gegenüber gut oder sogar sehr gut klarkommt und das bestmögliche Ergebnis rausholt. In dieser letzten Runde üben wir gleichzeitig, wie Sie bewusst einen bestimmten Verhandlungstanzpartner aus sich herauskitzeln. Nutzen Sie dieses Wissen, welcher Teil in Ihnen wofür genau zuständig ist und verteilen Sie die Aufgaben entsprechend vor Ihrem nächsten Verhandlungstango.

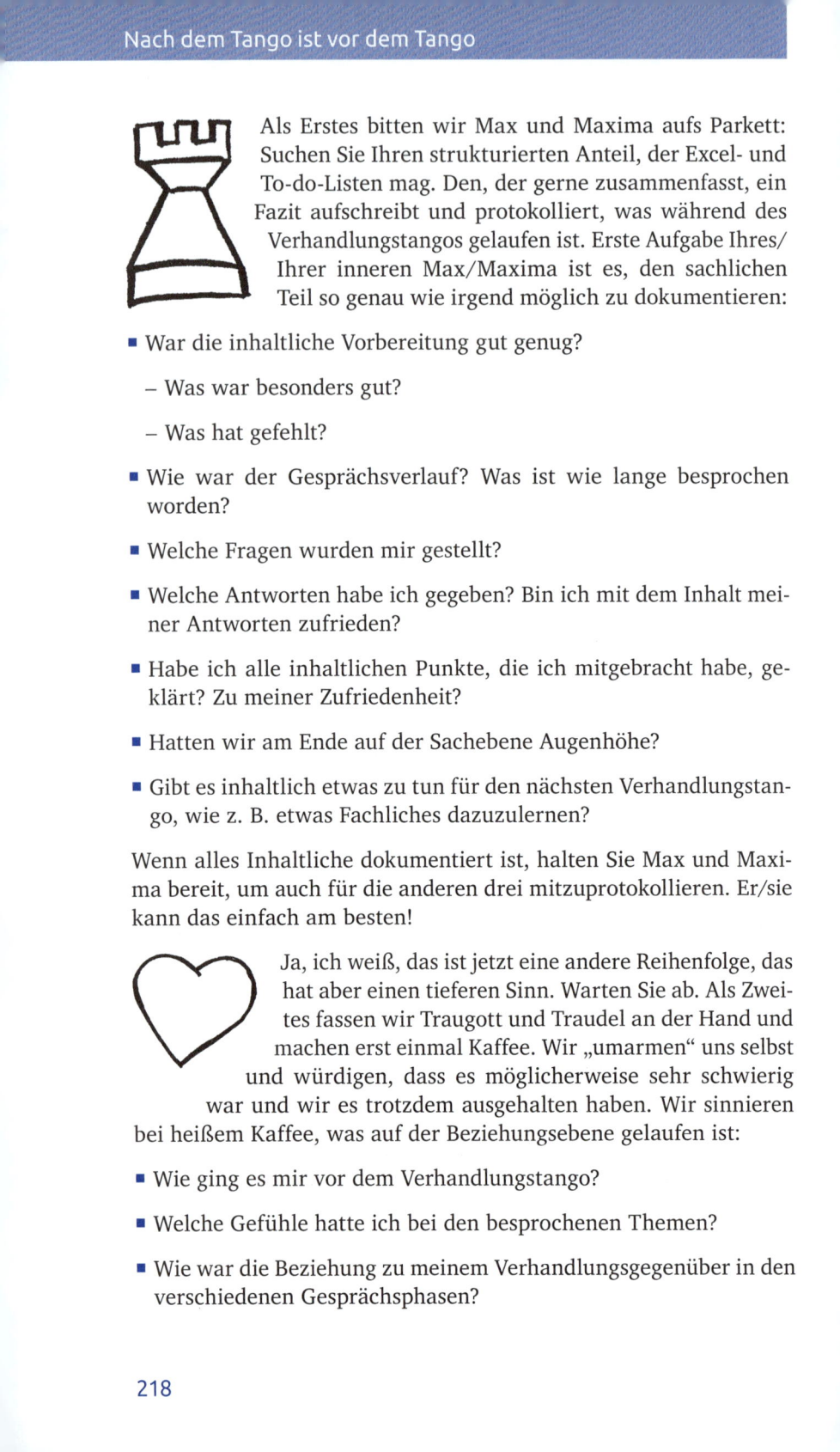

Als Erstes bitten wir Max und Maxima aufs Parkett: Suchen Sie Ihren strukturierten Anteil, der Excel- und To-do-Listen mag. Den, der gerne zusammenfasst, ein Fazit aufschreibt und protokolliert, was während des Verhandlungstangos gelaufen ist. Erste Aufgabe Ihres/Ihrer inneren Max/Maxima ist es, den sachlichen Teil so genau wie irgend möglich zu dokumentieren:

- War die inhaltliche Vorbereitung gut genug?

  – Was war besonders gut?

  – Was hat gefehlt?

- Wie war der Gesprächsverlauf? Was ist wie lange besprochen worden?

- Welche Fragen wurden mir gestellt?

- Welche Antworten habe ich gegeben? Bin ich mit dem Inhalt meiner Antworten zufrieden?

- Habe ich alle inhaltlichen Punkte, die ich mitgebracht habe, geklärt? Zu meiner Zufriedenheit?

- Hatten wir am Ende auf der Sachebene Augenhöhe?

- Gibt es inhaltlich etwas zu tun für den nächsten Verhandlungstango, wie z. B. etwas Fachliches dazuzulernen?

Wenn alles Inhaltliche dokumentiert ist, halten Sie Max und Maxima bereit, um auch für die anderen drei mitzuprotokollieren. Er/sie kann das einfach am besten!

Ja, ich weiß, das ist jetzt eine andere Reihenfolge, das hat aber einen tieferen Sinn. Warten Sie ab. Als Zweites fassen wir Traugott und Traudel an der Hand und machen erst einmal Kaffee. Wir „umarmen" uns selbst und würdigen, dass es möglicherweise sehr schwierig war und wir es trotzdem ausgehalten haben. Wir sinnieren bei heißem Kaffee, was auf der Beziehungsebene gelaufen ist:

- Wie ging es mir vor dem Verhandlungstango?

- Welche Gefühle hatte ich bei den besprochenen Themen?

- Wie war die Beziehung zu meinem Verhandlungsgegenüber in den verschiedenen Gesprächsphasen?

- Ist die Beziehung gleich geblieben oder gab es Schwankungen?

- Habe ich einen Korb bekommen?
  - Welches Nein steckt hinter dem Korb: Information oder Entscheidung?
  - Habe ich den Korb persönlich genommen?

- Ist mir mein Gegenüber auf die Füße getreten?
  - Wenn ja, wie sehr bin ich persönlich getroffen?
  - Wie viel Zeit brauche ich, um meine Wunden zu lecken?
  - Welche Hilfe brauche ich zum Wundenlecken?

- Habe ich auf der Beziehungsebene den Zustand, den ich haben wollte?

- Wie war die Augenhöhe am Ende?

- Bin ich mit dem Gesamtgespräch zufrieden?

- Was macht mein Selbst-Wert-Gefühl?

- Was steht jetzt an Beziehungspflege bis zum nächsten Verhandlungstango an?
  - Was ist genau zu tun?
  - Wie halte ich den Beziehungskontakt?
  - Wann ist der nächste gemeinsame Lunchtermin?

Die Hauptarbeit haben, wie immer, Max/Maxima und Traugott/ Traudel jetzt bereits erledigt!

Bitten Sie jetzt als Drittes noch Domenik und Domenika, sich zu einem Feedback zu bequemen, was alles mehr und besser hätte laufen können. Nehmen Sie die beiden nicht allzu ernst, da ist immer noch viel Luft nach oben. Andererseits schadet Entwicklungspotenzial ja nicht, sondern schlimmstenfalls steigern wir uns beim nächsten Mal und Domenik und Domenika neigen ihr allwissendes Haupt vor uns. Folgende Fragen werden Ihre inneren Powerpakete – natürlich im Pluralis Majestatis – stellen:

- Haben wir uns ausreichend gut geschlagen?

- War unser Gegenüber beeindruckt?

- Waren wir schlagfertig?

- Haben wir alle Ansagen, auf die uns keine gute Antwort eingefallen ist, aufgeschrieben?

- Haben wir unser Ziel durchgesetzt?

- Hätten wir mehr die Führung übernehmen sollen?

- Haben wir durch geschicktes Folgen unser Ziel schneller erreicht?

- Haben wir getreten? War das berechtigt? Haben wir uns entschuldigt?

- Sind wir am Ende als Sieger hervorgegangen?

- Gibt es irgendetwas, was wir uns dringend für das nächste Mal merken müssen?

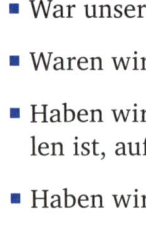 Als Letztes erscheinen bitte Star und Stella: Vielleicht wundern Sie sich, dass Sie hier keine Checkliste finden? Naja, denken Sie mal kurz nach, was Star und Stella mit einer Checkliste machen würden. Die finden Checklisten superdoof und falten allenfalls einen Papierflieger daraus, anstatt sie zu bearbeiten.

„Auf gehts beim Schichtl!" sagt die waschechte Münchnerin in mir ein letztes Mal: Wir feiern, wir strahlen, wir genießen, wir schmücken unseren Erfolg in den glühendsten Farben aus und erzählen ihn jedem und jeder, die es hören und auch nicht hören wollen! Lassen Sie die Korken knallen und sagen Sie mir, wo die Party stattfindet: Ich komme!

## Exkurs: Interview mit Angelika Collisi, der Expertin für Veränderungsprozesse

Unter dem Motto „Leben ist Veränderung. Veränderung verspricht Erfolg" unterstützt Angelika Collisi Menschen und Organisationen bei Veränderungsprozessen. Das bedeutet für sie: Reflektieren – wie ist es gelaufen? Was kann ich für das nächste Mal mitnehmen? Was kann ich verändern, um beim nächsten Mal erfolgreicher zu sein? Damit ist sie die ideale Gesprächspartnerin für mich zum Thema „Nach dem Tango ist vor dem Tango".

**C. K.:** Jetzt habe ich den Verhandlungstango vorbereitet und durchgeführt. Er war vielleicht erfolgreich oder es ist einiges nicht so gut gelaufen. Was sollte ich jetzt in jedem Fall tun?

**A. C.:** In jedem Fall innehalten und nicht gleich weitermarschieren. Reflektieren Sie: Was ist gut gelaufen und was ist schlecht gelaufen? Je nachdem, mit wem Sie es zu tun hatten, sind andere Details wichtig.

**C. K.:** Das klingt doch, als ob bei jedem Verhandlungstanzpartner eine andere Nachbereitung gefordert ist.

**A. C.:** Das sehe ich durchaus so. Wenn z. B. Domenik und Domenika im Spiel waren, dann können Sie sich extra Sternchen und Pluspunkte dafür geben, dass Sie aufrecht geblieben sind. Vielleicht müssen Sie die eine oder andere Wunde lecken. Wahrscheinlich gibt es ein oder zwei Momente, zu denen Sie sagen, das passiert mir so nicht mehr. Ganz wichtig: Gönnen Sie sich erst die Streicheleinheiten, feiern Sie Ihren Sieg und notieren Sie sich gleich, was Sie stattdessen das nächste Mal tun oder sagen werden.

**C. K.:** Das ist ja schon mal sehr hilfreich. Hast du so einen Tipp auch für den Umgang mit Star und Stella?

**A. C.:** Ja, klar. Hier gibt es Extrapunkte dafür, dass Sie den Überblick behalten haben, egal wie Star und Stella gerade herumgesprungen sind. Wenn Sie sich verbrannt haben, ist auch hier Wundenlecken besonders wichtig. Erst wenn Sie sich eingestanden haben, dass Sie verletzt wurden, können Sie damit gut umgehen und dafür ist Wundenlecken der erste Schritt. Sie hatten Erfolg? Dann geben Sie sich Applaus für die Mitwirkung an der grandiosen Show und verleihen Sie sich den Oscar für die beste Nebenrolle!

**C. K.:** Das klingt nach großem Kino. Bei Max und Maxima wird es vermutlich ein wenig sachlicher in der Nachbearbeitung, oder?

**A. C.:** Ja und wie! Das war vermutlich so sachlich, dass jetzt erst mal Eintauchen in die eigene Gefühlswelt angesagt ist – außer Sie zählen selbst zu Max und Maxima. Loben Sie sich für alles, wo Sie über Ihren Schatten gesprungen sind: sachlich bleiben, nichts persönlich nehmen, sich tatsächlich gut vorbereiten. Üben Sie am besten gleich fürs nächste Mal: Machen Sie sich eine sachliche Liste: Was lief gut, was lief schlecht?

**C. K.:** Da fehlt uns ja jetzt nur noch der Herzschmerz von Traugott und Traudel, der sicher unmittelbar danach einsetzt, oder?

**A. C.:** Hier ist es schwer vorstellbar, dass wir mit ganz schlechten Gefühlen aus der Verhandlung rausgehen. Es sei denn, wir haben die Beziehung komplett mit Füßen getreten. Dann ist es besonders wichtig zu reflektieren, wann und vor allem wodurch wir die Beziehungen gefährdet haben. Sie haben ein Ergebnis? Hurra! Feiern Sie ausgiebig! Sie haben einen Freund oder eine Freundin gewonnen? Pflegen Sie ihn oder sie auch nach der Verhandlung weiter.

**C. K.:** Wunderbar. Das sind ganz konkrete Tipps für jeden Verhandlungstanzpartner. Kannst du denn noch einen Tipp geben, der auf alle zutrifft, egal wer ich selbst bin und mit wem ich verhandelt habe?

**A. C.:** Ja gerne.

1. Seien Sie Ihr eigener bester Freund, d. h. loben Sie sich, statt sich niederzumachen.

2. Machen Sie sich Ihre Erfolge, auch wenn sie klein sind, bewusst und feiern Sie sie.

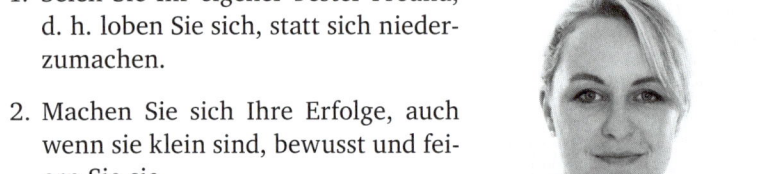

3. Behalten Sie sich eine positive Einstellung. Sie lernen aus jeder Verhandlung, egal wie sie gelaufen ist, in jedem Fall etwas für die nächste Verhandlung.

**C. K.:** Sehr gut. Meine Oma hat immer gesagt, im Zweifel kann jeder als schlechtes Beispiel dienen. Vielen Dank für dieses Interview, Angelika.

*Angelika Collisi*
*www.angelika-collisi.de*
*Foto: Sabine Fritz*

# Speedcoaching für Ihren nächsten Verhandlungstango

Für Ihren sicheren, tosenden Schlussapplaus bei Ihrem nächsten Verhandlungstango hier der Last-Minute-Check: Schreiben Sie ein letztes Mal die Antworten in Ihre Kladde:

- Selbst-Wert-Gefühl-Check: Sind alle drei Teile über fünf auf einer Skala von null bis zehn?

- Wer wird Ihr Tanzpartner sein? Sind Sie vorbereitet? Können Sie Ihre Schritte?

- Wen fordern Sie wie genau auf? Welche Mischung ist es diesmal? Wer hat die Oberhand?

- Wie gehen Sie mit einem Korb um? Sie bekommen einfach keinen. Und wenn doch, welche drei alternative Strategien haben Sie dabei?

- Wann führen Sie? Wann lassen Sie sich führen? Woran merken Sie, dass keiner führt?

- Was tun Sie, wenn Sie getreten werden? Wie ist Ihre Grundstimmung? Sind Sie gefährdet, gerade alles persönlich zu nehmen?

- Wie entschuldigen Sie sich, wenn Sie getreten haben? Woran merken Sie, dass Sie Ihr Gegenüber getroffen haben?

- Woran merken Sie, dass Sie im gleichen Rhythmus schweben?

- Wie sieht Ihr persönlicher Schlussapplaus aus? War das Gespräch auf Augenhöhe?

Speedcoaching-Grundlage: Noch fünf wichtige Fragen, die Sie bitte bis spätestens eine Woche vorher bearbeiten und in den letzten 48 Stunden vor dem Verhandlungstango nicht mehr anrühren:

- Welches genaue Ziel haben Sie für Ihren nächsten Verhandlungstango?

- Gibt es noch irgendwelche Vorarbeiten, die Sie tun wollen, damit dieses Ziel erreichbar ist?

- Was ist der Preis, den es Sie kostet, dieses Ziel zu erreichen? Vorsicht, wichtiger Punkt: Nur wenn Sie wissen, was es Sie kostet, können Sie vernünftig entscheiden, ob es Ihnen – ganz persönlich – diesen Preis wert ist. Und es kostet immer was!

- Wer oder was ist Ihr persönlicher Schweinehund, der Sie normalerweise davon abhält, ein Ziel zu erreichen? Geben Sie ihm einen Namen und freunden Sie sich mit ihm an.

- Machen Sie sich einen Plan B, wie Sie trotz Ihres Schweinehunds oder noch besser mit Ihrem Schweinehund Ihr Ziel erreichen.

Das Leben ist zu kurz für schlechte Tänzer – lassen Sie sich ein auf das Verhandeln mit tänzerischer Leichtigkeit. Viel Spaß und Erfolg!

# Danke!

Dieses Buch hat mich und jede Menge andere Menschen ein halbes Jahr beschäftigt. Ein solches Projekt ist allein weder möglich, noch in meinen Augen sinnvoll allein zu „stricken". Deswegen sage ich Danke an alle, die mich mit Gedanken, WhatsApps, SMS, E-Mails, Telefonaten, Apfelpfannkuchen, Prosecco und jeder Menge Marzipan während des Schreibens am Leben und in meiner Kreativität gehalten haben. Stellvertretend für die vielen, vielen An-Mich-Denker sage ich Danke an meine tollen Kolleginnen Gabriele Fähndrich, Bettina Sturm und Gesa Vestri. Auch für euch alle anderen einen dicken Danke-Drücker.

Meiner engsten Vertrauten Astrid Brunner danke ich für 20 Jahre Freundschaft, mitternächtliche Telefonate, dauerndes Deutschlehrerinnen-Korrekturlesen und vor allem für die wunderbaren Bilder in diesem Buch.

Sabine B. Sturm, meiner langjährigsten Freundin – wir kennen uns schon aus der Tanzschule – danke ich für ihr Verständnis, jede Menge Umformulierungen, stundenlange Korrekturtelefonate und natürlich für ihr Experten-Interview.

Jessica Leicher danke ich für kreativen Austausch, das Experten-Interview und vor allem, dass sie mich mit ihren goldenen Händen und der Trager-Technik fit und entspannt gehalten hat.

Sylvia Löhken, Veronika von Heise-Rotenburg, Silvia Ziolkowski und Angelika Collisi danke ich für die externen Blickwinkel in den Interviews und dass sie sich teilweise sogar im Urlaub unermüdlich mit dem Rotstift zur Korrektur mehrmals durch alle meine geschriebenen Seiten gelesen haben.

Laura Hitti und Katja Heyser danke ich für viele Tipps in Sachen Leseverständnis und Gesamtüberblick. Christa Habersetzer für die Umsetzung der grafischen Element-Verfeinerungen. Ursula Schiller, Viktoria Balensiefen, für spannende Diskussionen und jede Menge Anregungen.

Sybille Mican danke ich für alle sehr positiven Korinthenkackereien, die vielen konstruktiven Nachfragen und vor allem für 24-Stunden Abschluss-Korrektur-am-Stück-Lesen.

Meinem Assistenten Michael Kelnberger für die Sichtweise der jungen Generation und dass er mir während des Schreibens und auch sonst überall den Rücken freihält.

Stephan Kilian vom C. H. Beck Verlag danke ich für das Vertrauen und seinen Einsatz, dieses zweite Projekt wieder gemeinsam erfolgreich werden zu lassen.

Und – last for the best – meinen Eltern: Ich bin jeden Tag dankbar für das unerschütterliche Urvertrauen, das Selbstbewusstsein, die aktive Nutzung meines Hirns und den wahnsinnsgroßen immerwährenden Fels in jeder Brandung. Ich weiß, dass Papa auf seiner Wolke immer über mich wacht, und hoffe, dass Mama mir noch sehr lange erhalten bleibt.

Herzlichen Dank, einen dicken Drücker und respektvollen Schlussapplaus für euch alle!

Claudia Kimich

# Literatur

- Balensiefen, Viktoria A.: Karriereturbo Headhunter – Mit dem Personalberater auf Kurs Traumjob. München: C. H. Beck, 2013

- Branden, Nathaniel: Die 6 Säulen des Selbstwertgefühls. 3. Auflage. München: Piper, 2012

- Defersdorf, Roswitha: In der Sprache liegt die Kraft – Klar reden, besser leben! Freiburg: Herder, 2008

- Fischbacher, Arno: Voice sells! Die Macht der Stimme im Business. Offenbach: GABAL, 2014

- Fisher, Roger; Ury, William: Das Harvard-Konzept – Der Klassiker der Verhandlungstechnik. 22. Auflage. Frankfurt: Campus, 2004

- Gay, Friedbert; Herzler, Hanno: Ich brauch Dich, Du brauchst mich. 6. Auflage. Remchingen: persolog GmbH Verlag für Managementsysteme, 2006

- Graupner, Gaby S.: Verkaufe Dein Produkt, nicht Deine Seele. Wiesbaden: Gabler, 2010

- Heinrich, Stephan: Zuckergeld und Peitsche. 2. Auflage. Norderstedt: Books on Demand GmbH, 2012

- Jaffe, Diana; Manazon, Vivian: Verkaufen an Adam und Eva. Weinheim: Wiley, 2012

- Kerschgens, Katja: Reden straffen, statt Zuhörer strafen. Offenbach: GABAL, 2011

- Kimich, Claudia: Um Geld verhandeln, Gehalt, Honorar und Preis – So bekommen Sie, was Sie verdienen. 2. Auflage. München: C. H. Beck, 2015

- Knaths, Marion: Spiele mit der Macht. 3. Auflage. München: Piper, 2010

- Löhken, Sylvia: Intros und Extros – Wie sie miteinander umgehen und voneinander proftieren. Offenbach: GABAL, 2014

- Löhken, Sylvia: Leise Menschen – starke Wirkung, Wie Sie Präsenz zeigen und Gehör finden. Offenbach: GABAL, 2012

- Macioszek, H.-Georg: Chruschtschows dritter Schuh – Anregungen für geschäftliche Verhandlungen. 9. Auflage. Hamburg: Ulysees, 2005

- Modler, Peter: Das Arroganzprinzip. Frankfurt am Main: Krüger, 2009

- Müller, Meike: Lizenz zum Kontern – Rhetorische Selbstverteidigung im Job. Frankfurt am Main: Eichborn, 2008

- Schmitt-Stuhlträger, Kati: Konfliktmanagement – Kartenset. Freiburg: Heragon, 2011

- Schulz von Thun, Friedemann: Miteinander Reden 1 – Störungen und Klärungen. Hamburg: Rowohlt, 1981

- Sobainsky, Julia: Charisma – Wie Sie mit Ihrer Ausstrahlung glücklich und erfolgreich werden. St. Gallen: Allinti, 2011

- Spengler, Robert: Menschengewinner. Pößneck: Ariston, 2012

- Sprenger, Reinhard K.: Die Entscheidung liegt bei Dir – Wege aus der alltäglichen Unzufriedenheit. Frankfurt am Main: Campus, 2004

- Tarr, Irmtraud: Loslassen – Die Kunst, die vieles leichter macht. Freiburg im Breisgau: Herder, 2003

- Wardetzki, Bärbel: Blender im Job – Vom klugen Umgang mit narzisstischen Chefs, Kollegen und Mitarbeitern. München: Scorpio-Verlag, 2015

- Wardetzki, Bärbel: Mich kränkt so schnell keiner! 3. Auflage. München: Kösel, 2007

- Wardetzki, Bärbel: Ohrfeige für die Seele – Wie wir mit Kränkung und Zurückweisung besser umgehen können. 7. Auflage. München: Kösel, 2002

- Watzlawick, Paul: Anleitung zum Unglücklichsein. München: Piper, 2003

- Ziolkowski, Silvia: Wissen wo's lang geht. Bielefeld: Profilers Publishing, 2015

## Zur Autorin

Claudia Kimich, Dipl. Informatikerin, ist freie Trainerin, systemischer Coach, Verhandlungsexpertin und Autorin. Ihre Themen sind Ziele, Gehalts-/Honorar- und Preisverhandlungen, Eigenmarketing, Bewerbung, Akquise mit Spaß, Kundenorientierung, Präsentation, Kommunikation und Konfliktmanagement. Sie betreut sowohl Unternehmen und Universitäten als auch Einzelpersonen.

Ihr Erfolgsrezept liegt in ihrer professionellen und authentischen Art, gewürzt mit Kreativität und einer klar strukturierten, geradlinigen Vorgehensweise. Verbunden mit einer schonungslosen Offenheit hält sie ihren Kunden konsequent den Spiegel vor und motiviert zum kreativen Nachdenken, Umdenken, Lösungen und Ideenfinden. Ob langfristige Persönlichkeitsentwicklung

*Foto: Sabine Fritz*

oder gezielte Vorbereitung auf Gespräche, Präsentationen oder Selbstständigkeit – Frau Kimich verändert nachhaltig. Ganz nach ihrem bewährten Motto „Provokativ-konstruktiver Support – gepflastert mit Humor und Kompetenz".

Ihr Buch „Um Geld verhandeln" ist 2010 bei C. H. Beck erschienen.

Mehr Infos unter www.kimich.de und www.verhandlungstango.de.

## Zur Illustratorin

Astrid Brunner zeichnet schon seit Kindertagen – immer das, was ihr einfällt, denn sie ist der Ansicht, dass jeder zeichnen kann. So fällt es ihr nicht schwer, mit einfachen Strichen Aussagen zu treffen und damit sprachliche Inhalte bildlich greifbar zu machen. Dieses Talent setzt sie für Aufträge von Kunden, Stundenbilder im Unterricht, für Mediationsgespräche und v. a für die Beratung gemobbter/gehänselter Kinder ein.

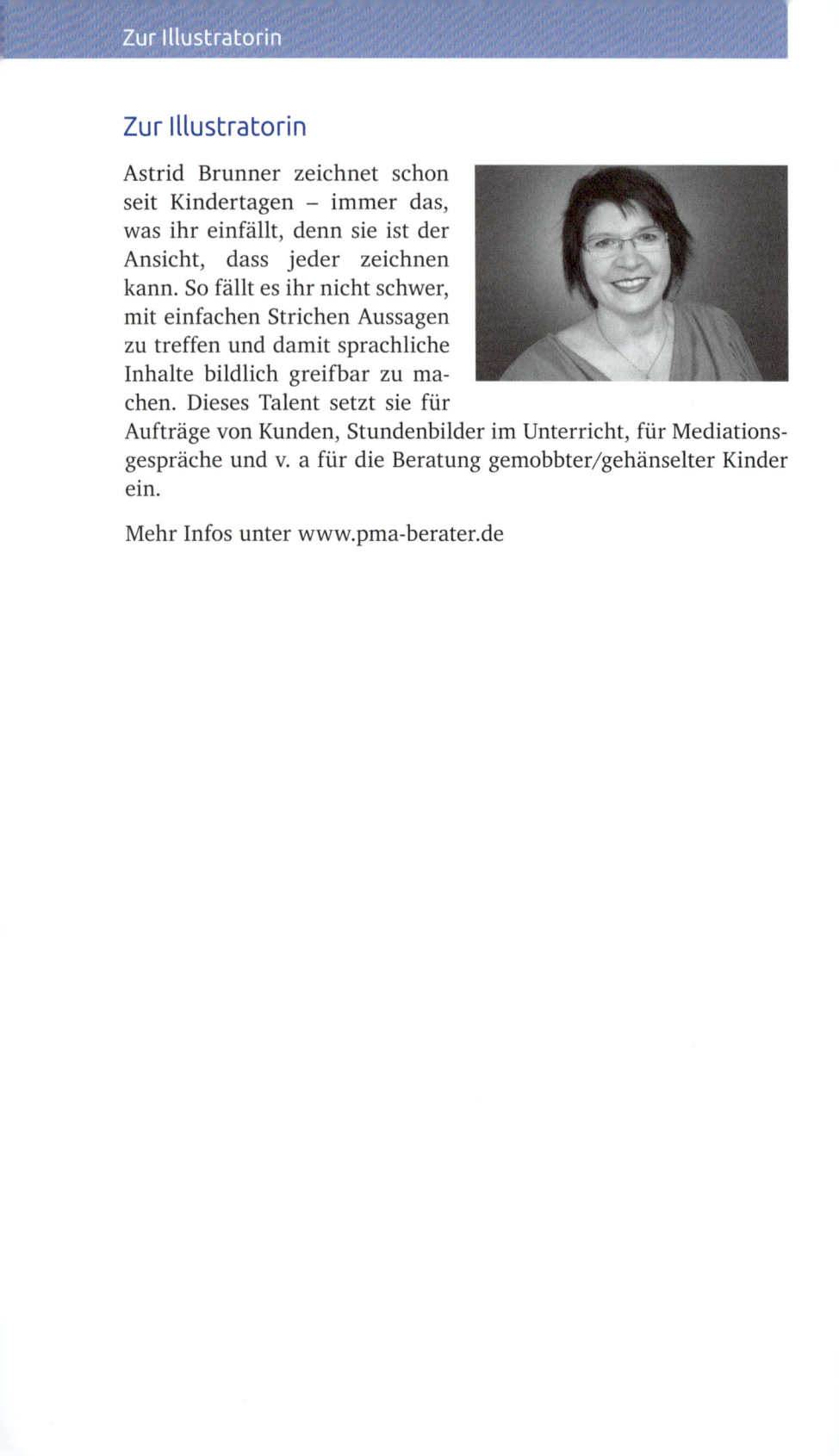

Mehr Infos unter www.pma-berater.de